FORSCHUNGSBERICHTE
DES WIRTSCHAFTS- UND VERKEHRSMINISTERIUMS
NORDRHEIN-WESTFALEN

Herausgegeben von Ministerialdirektor Prof. Leo Brandt

Nr. 32

Techn.-Wissenschaftl. Büro für die Bastfaserindustrie, Bielefeld

Der Einfluß der Natriumchlorit-Bleiche auf Qualität und
Verwebbarkeit von Leinengarnen und die Eigenschaften der
Leinengewebe unter besonderer Berücksichtigung des
Einsatzes von Schützen- und Spulenwechselautomaten
in der Leinenweberei

Als Manuskript gedruckt

SPRINGER FACHMEDIEN WIESBADEN GMBH

ISBN 978-3-663-03378-3   ISBN 978-3-663-04567-0 (eBook)
DOI 10.1007/978-3-663-04567-0

G l i e d e r u n g

1. Einleitung . . . . S. 5
2. Aufgabenstellung . . . . S. 9
3. Versuchsplanung und -durchführung
    a) Garne . . . . S. 1o
    b) Bleichverfahren . . . . S. 1o
    c) Webversuche . . . . S. 13
    d) Gewebe . . . . S. 18
4. Versuchsergebnisse
    a) Garnbleiche . . . . S. 19
    b) Webversuche . . . . S. 27
    c) Gewebe . . . . S. 45
5. Zusammenfassung . . . . S. 51
Anhang: Instandsetzung der Webstühle vor Anbau eines
    Automaten . . . . S. 55

Forschungsberichte des Wirtschafts- und Verkehrsministeriums Nordrhein-Westfalen

1. Einleitung

In die Reihe der Bleichmittel für Textilien ist in neuerer Zeit als interessantes Reagens das Natriumchlorit ($NaClO_2$, Salz der chlorigen Säure $HClO_2$) getreten. Es wird ihm nachgesagt, daß es trotz stark oxydativer Wirkung nicht mit Zellulose reagiert, demgegenüber aber Farbanteile des Fasergutes auffallend schnell ausbleicht und sog. Nichtzellulosen - Inkrusten, Schäben - aufschließt und entfernt.

Das Bleichen mit Natriumchlorit wird in schwachsaurem Bad vorgenommen, wobei zum Ansäuern vorzugsweise schwache Säuren wie Essig- und Ameisensäure verwendet werden. Als Standardwert wird ein pH-Wert von 3,8 - 4,0 bei 80 - 85° C genannt. Mitanwendung von Puffersalzen - Phosphate und Polyphosphate - zur besseren Stabilisierung des eingestellten Säuregrades ist zweckmässig. Die Wirkung der Chloritbleiche beruht darauf, daß aus dem Natriumchlorit bereits durch das Ansäuern des Bades Chlordioxyd freigemacht wird. Die Aktivierung kann durch Temperaturerhöhung und natürlich auch durch Erhöhung der Konzentration an $NaClO_2$ verstärkt werden.

Die praktisch ausgeschaltete Gefahr eines stärkeren Angriffs auf die Zellulose als eigentlichen Faserstoff erlaubt es, die regulierenden Faktoren je nach vorliegendem Fall unter Berücksichtigung des gewünschten Bleicheffektes und der Wirtschaftlichkeit anzuwenden. Soll auf letztere besondere Rücksicht genommen und mit möglichst geringem Verbrauch an dem relativ teueren Chlorit gearbeitet werden, so ist die Konzentration des Bades sparsam zu bemessen, ein höchstmöglicher pH-Wert einzuhalten und die Temperatur ausreichend unter der Kochgrenze zu halten, damit Chlordioxyd nicht nutzlos ausgetrieben wird, was zudem zur starken Belästigung des Personals führt. Freilich ist die Dauer des Bleichganges von Konzentration, Aktivierung und Temperatur der Flotte abhängig.

Die Entwicklung des Chlordioxydgases bedingt, daß, abgesehen von der Verhinderung von Temperaturen um 100° C, für gute Abdeckung der Bleichgefäße und geeignete Abzugsvorrichtungen gesorgt werden muß. Eisen, Kupfer, Aluminium, Blei sind als Materialien für Bleichbehälter bei der Chloritbleiche ungeeignet. Es gibt auch noch keine Edelstahllegierungen, die gegenüber Chloritbleichlösungen voll beständig sind. Allerdings wird angeblich ohne Anstände mit Edelstahlapparaten gearbeitet, wenn darauf geachtet wird, daß der pH-Wert nicht unter 3,8 absinkt, und puffernde Phosphate oder andere antikorrodierend wirkende Zusätze beigegeben werden. Holz eignet sich nur bedingt, Hartgummierungen und Lacküberzüge bewähren sich nicht. Als vollkommener Baustoff für Zwecke der Chloritbleiche kann heute nur Steinzeug oder ähnliches keramisches Gut angesehen werden, vor allem, wenn die Apparatur im ganzen aus diesem Material hergestellt ist.

Wenn auch durch die Chloritbleiche jeder beliebige Weißgrad bis zu Hochweiß erzielt werden kann ist zugegebenermaßen die Beständigkeit des erhaltenen Weißtones nicht ganz so vollkommen wie etwa bei der Peroxydbleiche. Nachgilbungen wie nach ausschließlicher Chlorbleiche sollen allerdings nicht eintreten. Zur Stabilisierung des mit Chlorit erzielten Weißgrades wird eine schwache, kurze Peroxydbleiche empfohlen, gegebenenfalls soll auch eine einfache heiße Sodanachbehandlung ausreichend sein.

Am meisten auffällig sind die Vorteile der Chloritbleiche bei Reyon und Zellwolle. Hier wirken sich das Vermeiden alkalischer Behandlung und die gegenüber Zellulose fehlende Aggressivität des Natriumchlorits besonders günstig aus. Wenn die hierbei erzielbare Erhöhung der Bleichgeschwindigkeit beim Bleichen von Bastfasern auch nicht in vollem Ausmaß beobachtet werden kann, machen die gekennzeichneten Eigenschaften des $NaClO_2$, das Zellulose praktisch kaum angreift, die Schäben aber entfernt und die färbenden Anteile sicher ausbleicht, die Chloritbleiche auch für Leinengarne und -gewebe zu einem bemerkenswerten Verfahren. Den so gebleichten Leinengarnen werden geringere Gewichts- und Festigkeitsverluste, voller Griff und gute Schmiegsamkeit nachgesagt. Bei der Stückwarenbleiche soll vorteilhaft die Eigenheit des Chlorits in Erscheinung treten, mit den häufig anzutreffenden katalytischen Verunreinigungen nicht zu reagieren, was allerdings vorläufig von der Praxis nicht in vollem Umfang bestätigt wird.

Bei der Anwendung der Natriumchloritbleiche für Bastfaser-Textilien wird vielfach mit Rücksicht auf die Kosten des Chlorits, also aus wirtschaftlichen Erwägungen, von Kombinationsverfahren Gebrauch gemacht, wobei - abgesehen von einer alkalischen Vorkochung - neben der Hauptbehandlung mit $NaClO_2$ wenige kostspielige Verfahren (etwa eine Hypochloritbleiche, zum Schluß auch Peroxydbehandlung) eingeschaltet werden, die entsprechend vorsichtig gehandhabt werden können, so daß der Vorteil der Chloritbleiche doch zur Auswirkung kommt.

Das Natriumchlorit wird als feinkristallines Pulver oder flüssig geliefert[1].

Wie bereits erwähnt, sollen sich die mit Natriumchlorit gebleichten Leinengarne durch eine gute Schmiegsamkeit auszeichnen. Es lag nahe, das Problem einer derart wirkenden Garnbleiche im Zusammenhang mit einem stärkeren Einsatz von Automatenstühlen in der Leinenweberei aufzugreifen.

Die Stillstandszeiten von Webstühlen nach Ablaufen des Schußkopses machen sich je nach Garnstärke und Spulenart mehr oder weniger bemerkbar. Besonders bei groben Garnen, bei denen die Laufzeit eines gefüllten Schützen verhältnismäßig kurz ist, können die Stillstandszeiten für das Wechseln der Schützen den Webstuhlwirkungsgrad beträchtlich beeinflussen. Um eine Senkung der Fertigungskosten zu erreichen, liegt es nahe, diese Stillstandszeiten durch Anbau von Automaten herabzusetzen. Als Automaten kommen Schützenwechsler oder Spulenwechsler in Betracht.

Bisher gelangte in der Leinenindustrie als Automat fast ausschließlich der Schützenwechsler zur Anwendung mit dem Vorteil, daß dabei Schlauchkopse Verwendung finden können. Beim Schützenwechsler wird nach Ablaufen eines Schlauchkopses der Webschützen selbsttätig durch einen anderen mit voller Spule ersetzt. Zur Anwendung gelangen etwa 10 Webschützen je Webstuhl. Diese Notwendigkeit, verschiedene Webschützen zu verwenden, ist insofern ein Nachteil, als der einwandfreie Webstuhllauf leicht gestört wird, wenn Schützen Verwendung finden, die in Abmessungen und Gewicht Abweichungen aufweisen. Sie müssen einander weitgehend angeglichen sein. Ein wesentlicher Mangel des Schützenwechslers ist, die immer noch beachtliche Arbeitszeit für das Füllen der Webschützen mit Spulen zur Versorgung des Magazins, so daß von einer ausgesprochenen Automatisierung noch keineswegs gesprochen werden kann. Einer solchen werden eher die Spulenwechselautomaten gerecht.

Die in Baumwollwebereien heute vielfach vertretenen Spulenwechselautomaten haben bislang in der Leinenweberei eine nennenswerte Einführung nicht

---

[1] Die Ausführungen in den vorstehenden einleitenden Abschnitten sind mangels eigener Erfahrungen hauptsächlich der Veröffentlichung HUNDT und VIEWEG: Bleichen mit Natriumchlorit in der Textil-Praxis, Textil-Praxis 6 (1951), S. 439 - 443, entnommen.

gefunden. Die entgegenstehenden Bedenken bezogen sich wohl hauptsächlich auf die Steifigkeit des Leinengarnes, die beim Wechselvorgang das Einfädeln zweifellos erschwert. Weiter wurde vorgebracht, daß der Ablauf des Garns, insbesondere eines unreinen Garns, von der beim Spulenwechsler unumgänglichen Automatenspule im Gegensatz zu dem diesbezüglich vorteilhafteren Schlauchkops wechselnde Fadenspannungen und als deren Folge eingezogene, unansehnliche Gewebekanten hervorrufen kann.

Eine objektive Nachprüfung, inwieweit die vorgetragenen Bedenken bei dem heutigen Stand der Technik des Spulenwechselautomaten berechtigt sind, erscheint dringend erforderlich. Es liegt auch im Interesse der Leinenweberei, allen Versuchen Beachtung zu schenken, die auf eine Erleichterung des Einsatzes der Spulenwechselautomaten hinzielen, deren wirtschaftliche Vorteile gegenüber den bis heute üblichen Schützenwechselvorrichtungen beachtlich sind. Diese bestehen vor allem darin, daß die Magazinfüllzeiten wesentlich kürzer sind als bei den Schützenwechseleinrichtungen, wodurch eine bedeutende Entlastung des Webers eintritt. Weiter ist der Vorzug nicht zu unterschätzen, daß beim Spulenwechsler stets mit dem gleichen Schützen gearbeitet werden kann und dadurch der bei dem Schützenwechsler angeführte Nachteil vermieden ist. In den heutigen Ausführungen ist der Aufbau der Spulenwechselautomaten einfacher als jener der Schützenwechsler und verlangt geringere Wartung und weniger Instandsetzungsarbeiten.

Demgegenüber ist die bei Schützenwechseleinrichtungen gegebene Möglichkeit, Schlauchkopse zu verwenden, ein nicht zu vernachlässigender Vorteil. Der Schlauchkops hat einen größeren Garninhalt als die Automatenspule und erlaubt dank seinem Aufbau einen ruhigen, spannungsgleichen Fadenablauf. Er hat gegenüber der Automatenspule weiterhin den Vorteil, daß keine Investierungen von Holzhülsen erforderlich sind und ein Abziehen der verbliebenen Fadenreserve von den letzteren nach dem Spulenwechsel wegfällt. Allerdings sind in der letzten Zeit für Jutewebstühle Spulenwechselautomaten entwickelt worden, die ebenfalls die Verwendung von Schlauchkopsen zulassen.

Die bisher als Haupthindernisse für die Verwendung von Spulenwechselautomaten bei Leinengarnen angesehene Steifigkeit des Fadens und dessen Unregelmäßigkeiten (z.B. Schäben), können durch eine zweckentsprechende Vorbereitung des Garns in der Bleiche zweifellos gemildert oder gar beseitigt werden. Es lag deshalb nahe, die vorstehend empfohlenen Versuche mit Spulenwechselautomaten in der Leinenweberei unter Verwendung nach verschiedenen Verfahren gebleichter Garne durchzuführen und dabei auch vor allem die anfangs geschilderte Natriumchloritbleiche zu berücksichtigen. Vielfach wird angegeben, daß es von Bedeutung ist, ob der Spulenwechselautomat rechts oder links am Webstuhl angebaut ist. Es scheint vorteilhaft zu sein, wenn beim abgezogenen Faden durch die Ablaufdrehrichtung des Fadens im Schützen die Einfädelung begünstigt wird, was bei einer normalen Aufwinderichtung des Fadens auf die Spule beim rechts angebauten Automaten der Fall ist. Es besteht deshalb weiterhin Interesse zu prüfen, inwieweit sich diese nicht unbegründete Ansicht in der Praxis bestätigt. Beim Schützenwechselautomaten sind seiner Wirkungsweise entsprechend Unterschiede zwischen Links- und Rechtsanbau nicht zu erwarten.

2. Aufgabenstellung

Im Auftrage der Arbeitsgemeinschaft Leinenweberei hat das Techn.-Wissenschaftl. Büro für die Bastfaserindustrie Versuchsreihen durchgeführt, die sich

a) mit der Prüfung der physikalischen, chemischen und webtechnischen Eigenschaften von Leinengarnen und -geweben befaßten, die nach verschiedenen Verfahren, vor allem auch unter Einsatz von Natriumchlorit vor- und nachgebleicht waren, andererseits

b) die Aufgabe hatten, von der wirtschaftlichen Seite und vom Standpunkt des Gewebeausfalls die Verwendbarkeit von Spulenwechselautomaten an Leinenwebstühlen im Vergleich zu Schützenwechselautomaten bei Verarbeitung der erwähnten, verschieden gebleichten Garne zu untersuchen.

Ohne Rücksicht auf wirtschaftliche Erwägungen sollten auch an einheitlichen Leinengarnen sowohl die reine Chloritbleiche als auch Kombinationsverfahren und schließlich auch die bisher üblichen Bleichverfahren (saures Chlor bzw. alk. Chlor mit Peroxydnachbehandlung) in verschiedenen Betrieben durchgeführt werden. Neben der üblichen Prüfung der physikalischen und chemischen Garn- und Gewebeeigenschaften war vor allem die webtechnische Prüfung der Garne als Kett- und Schußgarne zur Aufgabe gestellt.

Dazu sollten die gebleichten Garne auf gleichen Webstühlen zu Reinleinengeweben verwebt und die erzielbaren Webstuhlwirkungsgrade vergleichend festgestellt werden. Für die Webversuche waren die in Frage kommenden Webstühle teils mit Schützenwechsel-, teils mit Spulenwechselautomaten auszustatten, wodurch ein Übergang zu dem zweiten Teil des Vorhabens, nämlich dem Vergleich der beiden vorgenannten Automaten gegeben war. Links- und Rechtsanbau der Automaten war zu berücksichtigen. Für die Versuche wurden je ein Flachsgarn und ein Flachswerggarn mittlerer Nummer in Aussicht genommen.

3. Versuchsplanung und -durchführung

a) Garne

Für die Durchführung der Versuche mit verschiedenen Bleichverfahren wurden von einer Flachsspinnerei 6 Partien Flachsgarn Nm 18 = Ne_L 30 und 4 Partien Flachswerggarn Nm 11 = Ne_L 18 mit etwa 500 kg je Partie zur Verfügung gestellt mit der Versicherung, daß die gesamte Flachsgarn- bzw. Werggarnmenge jeweils einer Spinnpartie entnommen war.

Vor dem Bleichen wurden jeder Partie 5 Strähne entnommen und halbiert. Die zusammengehörigen Halbsträhne wurden durch Fitzen mit gleicher Knotenzahl gekennzeichnet. Je 1/2 Strähn wurde für die Prüfung des Rohgarns zurückbehalten, der andere der Bleiche beigegeben, um Gegenproben für die Prüfung des gebleichten Garns zu erhalten.

b) Bleichverfahren

Die Partien wurden an 4 verschiedene Bleichen, nachstehend mit den Ziffern I - IV bezeichnet, versandt und dort nach vereinbarten Verfahren gebleicht. Die Bleiche I hat nach zwei verschiedenen Verfahren gearbeitet (I_1 und I_2). Zwei der herangezogenen Betriebe, denen allen an dieser Stelle für ihre Mühewaltung Dank zu sagen ist, waren Lohnbleichen, die beiden anderen an Webereien angeschlossene Bleichen.

Eine der gebleichten Flachsgarnpartien mußte aus der Versuchsauswertung genommen werden, da offenbar Umstände eingetreten waren, die einwandfreie Ergebnisse in Frage stellten. Der webtechnischen Prüfung in der Weberei wurden somit 5 Flachsgarn- und 4 Werggarnpartien zugeführt.

Die Kennzeichnung der angewandten Verfahren ist in der folgenden Aufstellung gegeben. Die Flachsgarne (F) wurden 1/2-weiß, die Flachswerggarne (W) 3/4-weiß gebleicht. Alle Angaben beruhen auf Mitteilungen der Betriebe, eine Überwachung durch das TWB-Bastfaser war nicht vorgesehen und hat nicht stattgefunden. Die Bleichversuche F I_1, F III und W I_1 wurden durch Chemiker von Unternehmen durchgeführt, die Hersteller von Natriumchlorit sind.

Anschließend sei eine kurze Kennzeichnung der bei den einzelnen Bleichpartien angewandten Verfahren gegeben:

Flachsgarne, Ne_L 30 1/2-weiß	Werggarne, Ne_L 18 3/4-weiß
F I_1 Natriumchlorit a) Kochen mit Soda b) Natriumchlorit	**W I_1 Natriumchlorit** a) Kochen mit Soda b) Natriumchlorit c) Brühen mit Soda d) Natriumchlorit
F II Saures Chlor-Natriumchlorit a) Kochen b) Sauer Chlorieren c) Brühen mit Soda d) Natriumchlorit	**W II Saures Chlor-Natriumchlorit** a) Kochen b) Sauer Chlorieren c) Brühen mit Soda d) Natriumchlorit e) Brühen mit Soda f) Sauer Chlorieren g) Brühen mit Soda h) Natriumchlorit
F III Alk.Chlor - Natriumchlorit - Peroxyd a) Kochen mit Soda b) Chloren (Chlorkalk) c) Natriumchlorit d) Peroxyd	
F I_2 Saures Chlor - Peroxyd a) Kochen mit Soda b) Saures Chlorieren c) Peroxyd	**W I_2 Saures Chlor - Peroxyd** a) Kochen mit Soda b) Sauer Chlorieren c) Peroxyd d) Sauer Chlorieren e) Peroxyd

Forschungsberichte des Wirtschafts- und Verkehrsministeriums Nordrhein-Westfalen

Flachsgarne, Ne_L 30 1/2-weiß	Werggarne, Ne_L 18 3/4-weiß

F IV <u>Natriumhypo-
chlorit - Peroxyd</u>
  a) Kochen mit Soda
  b) Chloren (Natrium-
     hypochlorit)
  c) Peroxyd
  d) Chloren (Natrium-
     hypochlorit)
  e) Peroxyd
	W IV <u>Natriumhypo-
	chlorit - Peroxyd</u>
	  a) Kochen mit Soda
	  b) Chloren (Natrium-
	     hypochlorit)
	  c) Peroxyd
	  d) Chloren (Natrium-
	     hypochlorit
	  e) Peroxyd
	  f) Chloren (Natrium-
	     hypochlorit
	  g) Peroxyd

Wie ersichtlich, wurde bei F I_1 und W I_1 allein mit Natriumchlorit gebleicht. F II und W II sind Kombinationsverfahren von saurem Chlor und Natriumchlorit. F III ist ein Kombinationsverfahren von alkalischem Chlor und Natriumchlorit. F I_2 und W I_2 sind Bleichverfahren mit saurem Chlor und anschließender Peroxydbehandlung, F IV und W IV sind Beispiele für eine übliche Natriumhypochlorit-Peroxydbleiche.

Die zum Einsatz gebrachten Partien wurden in den Bleichen vor und nach der Behandlung gewogen. Aus den gemachten Angaben konnten die eingetretenen Gewichtsverluste errechnet werden. Nur die Bleiche I hat bei den Wägungen auch den Feuchtigkeitsgehalt der Garne durch Konditionierung bestimmt, so daß diesbezügliche Abweichungen bei der Errechnung der Gewichtsverluste berücksichtigt werden konnten.

Wie auf Seite 10 erwähnt, wurden den in den Bleichen zum Einsatz kommenden Garnpartien je 5 Halbsträhne beigefügt, um eine Vergleichsprüfung mit entsprechenden Halbsträhnen Rohgarn zu ermöglichen.

Diese Garnprüfungen wurden nach den Vorschriften DIN 53 801, jedoch mit 10 s Reißdauer vorgenommen. Dabei wurden bei allen Garnen je Probesträhn sowohl gebleicht als auch ungebleicht 2 x 30 Reißungen durchgeführt, so daß jedes Garn im gebleichten und ungebleichten Zustand insgesamt 10 x 30 = 300 Einzelreißungen unterworfen wurde.

Zudem wurden die gebleichten Garne der Bestimmung ihres Durchschnitts-Polymerisationsgrades unterworfen. Dieser Wert (DP-Zahl) ist ein Maß für

Forschungsberichte des Wirtschafts- und Verkehrsministeriums Nordrhein-Westfalen

chemischen Faserabbau durch oxydative Vorgänge und damit ein Kennzeichen für die Schwächung der Fasersubstanz durch die Bleiche.

c) Webversuche

Die Flachsgarne Ne_L 30, 1/2-gebleicht, wurden zu einem Gewebe mit 20 Fd/cm in Kette und Schuß, entsprechend einer rel. Dichte von 4,71 x $\sqrt{Nm}$, die Flachswerggarne Ne_L 18, 3/4-gebleicht, zu einem Gewebe von 15 Fd/cm in Kette und 16 Fd/cm im Schuß, entsprechend einer rel. Dichte von 4,55 x $\sqrt{Nm}$ bzw. 4,85 x $\sqrt{Nm}$ verwebt. Die angegebenen Einstellungen gelten für das Rohgewebe. Als Gewebebreite wurden 160 cm gewählt bei einer Blattbreite von 167 cm. Ein Schlichten der Kettgarne wurde nicht vorgenommen, jedoch erfuhren sie eine Stärkebehandlung.

Die Webversuche wurden auf 180 cm breiten Leinenwebstühlen mit Unterschlag, Fabr. Atherton, 133 Schuß je min, vorgenommen, von denen 4 Stück zur Verfügung standen. Zwei dieser Stühle wurden mit neuen Spulenwechselautomaten, Fabrikat Carl Valentin KG., Stuttgart, Typ "V - VI", ausgestattet, und zwar je einer mit Links- und Rechtsautomaten. An den beiden übrigen Stühlen wurden die vorhandenen Valentin-Schützenwechsler durch Nachlieferung von Teilen auf den neuesten Stand gebracht. Der Anbau der Spulenwechsler sowie der Umbau der Schützenwechsler "Varitex" wurde durch Monteure der Fa. Valentin, Stuttgart, durchgeführt. Vorher wurde eine gründliche Überholung der Webstühle vorgenommen. Es wird normalerweise mit Rücksicht auf die beim Automatenbetrieb zu fordernde Präzision nicht möglich sein, einen älteren Webstuhl ohne solche meist weitgehende Instandsetzung für den Anbau von Automaten vorzusehen. Über die dabei zu beachtenden Gesichtspunkte wird im Anhang berichtet.

Die Konstruktionsmerkmale der verwendeten Valentin-Automaten waren folgende:

Schützenwechsler

Die Betätigung des Schützenwechslers erfolgt durch einen besonders stabil ausgeführten Exzenter auf der Schlagexzenterwelle, der eine Stange in auf- und abwärts gerichtete Bewegung versetzt. Die Einleitung eines Wechselvorganges wird mittels einer elektromechanischen Spulenfühlereinrichtung bewirkt, die bei jedem zweiten Schuß den im Webschützen befindlichen Schlauchkops abtastet. Nach Ablaufen des Schlauchkopses bis auf eine einstellbare Fadenreserve wird in der Spulenfühlereinrichtung ein Stromkreis geschlossen. Durch einen dadurch betätigten Magneten wird die erwähnte auf- und abbewegte Stange mit dem Wechselmechanismus in Verbindung gebracht und der Schützenzubringer in Tätigkeit gesetzt. Während des Wechselvorganges weichen Vorder- und Rückwand des Schützenkastens aus. Der volle Webschützen wird vorn in den Schützenkasten eingeführt und der leere Schützen nach hinten herausgedrückt. Bei dem verwendeten System steht zum Wechseln die gesamte Zeit einer Kurbelwellenumdrehung zur Verfügung, wodurch ein ruhiger, den Schützen schonender Wechselvorgang gewährleistet wird. Der Wechselmechanismus wurde für die Versuche derart eingestellt, daß der Wechselvorgang lediglich bei abgelaufenem Schlauchkops erfolgte, nicht aber - wie ebenfalls möglich - bei Schußfadenbruch. Das Abschneiden der Schußfäden erfolgte nach dem Wechseln durch eine zweckentsprechend ausgebildete Breithalterschere. Die Bremsung des Schützens auf der Automatenseite erfolgt bei der verwendeten Ausführung des Valentin-Automaten wie beim normalen Webstuhl in günstiger Weise an den Seitenflächen, im Gegensatz zu älteren Bauarten, bei denen die Bremsung von oben nach unten erfolgt, also an Stellen des Schützens, an denen sich nur geringe Reibungsflächen befinden.

S p u l e n w e c h s l e r

Die Spulenwechselautomaten waren für die Aufnahme der Spulen mit halbrunden Gleitmagazinen versehen. Die Einleitung des Wechsels erfolgt durch einen Gleitfühler, der bei leergelaufener Spule einen Stromkreis schließt. Von einem dadurch erregten Magneten wird über einen Übertragungsmechanismus ein Stecher in den Bereich der Lade gebracht. Die vorgehende Lade betätigt, wenn der Webschützen einwandfrei im Webkasten sitzt, einen mit dem Stecher in Verbindung stehenden Hammer, der die jeweils unten im Magazin liegende volle Spule in den Webschützen einschlägt, wobei diese die ablaufende Spule aus dem Webschützen drückt. Wie bei dem Schützenwechsler erfolgt auch hier der Wechselvorgang nur bei abgelaufener Spule, nicht bei Schußfadenbruch. Auf die besondere Art des Webschützeneinfädlers wird später noch näher eingegangen. Als Schußfadenschneidevorrichtung diente eine Breithalterschere, die in Verbindung mit einer

Tasterschere nach dem Wechselvorgang die Fäden der leeren und vollen Spule abschneidet.

Der Versuchsplan sah vor, daß je 4 verschieden gebleichte Flachs- und Werggarnpartien vergleichsweise mit Schützen- und Spulenwechsler, beide rechts angebaut, verwebt wurden. Die Stühle mit Schützen- und Spulenwechslern arbeiteten beim Verweben der gleichen Partien gleichzeitig. Diesen Vergleichsversuchen wurden unterworfen die ausschließlich mit Natriumchlorit gebleichten Partien $F\,I_1$ und $W\,I_1$, die dem Kombinationsverfahren Saures Chlor-Natriumchlorit unterworfenen Garne $F\,II$ und $W\,II$ und demgegenüber die ohne Natriumchlorit mit saurem Chlor-Peroxyd bzw. Hypochlorit-Peroxyd gebleichten Garne $F\,II_1$ und $F\,IV$ bzw. $W\,II_1$ und $W\,IV$.

Ferner wurde die Arbeit der Webstühle mit links und rechts angebauten Spulenwechselautomaten vergleichsweise untersucht, indem auf diesen Stühlen gleichzeitig je eine Partie Flachs- und Werggarn verarbeitet wurde. Es waren dies das nach dem Kombinationsverfahren Alkal. Chlor-Natriumchlorit gebleichte Flachsgarn $F\,III$ und das nach dem Kombinationsverfahren Saures Chlor-Natriumchlorit gebleichte Werggarn $W\,II$. Zusammengefaßt sieht demnach der Versuchsplan wie folgt aus:

Bleichverfahren	Schützenwechsler rechts	Spulenwechsler rechts	links
Natriumchlorit	$F\,I_1$	$F\,I_1$	
Saures Chlor-Natriumchlorit	$F\,II$	$F\,II$	
Saures Chlor-Peroxyd	$F\,I_2$	$F\,I_2$	
Natriumhypochlorit-Peroxyd	$F\,IV$	$F\,IV$	
Natriumchlorit	$W\,I_1$	$W\,I_1$	
Saures Chlor-Natriumchlorit	$W\,II$	$W\,II$	
Saures Chlor-Peroxyd	$W\,I_2$	$W\,I_2$	
Natriumhypochlorit-Peroxyd	$W\,IV$	$W\,IV$	
Alkal.Chlor-Natriumchlorit-Peroxyd		$F\,III$	$F\,III$
Saures Chlor-Natriumchlorit		$W\,II$	$W\,II$

Bei allen Versuchen wurde als Kette und Schuß das gleiche Garn verwandt. Da während der Versuche - wie geschildert - stets 2 Webstühle in Betrieb waren, war es erforderlich, die bislang übliche Methode für die Aufnahme des Wirkungsgrades bei Einstuhlbedienung (Erfassung aller Stillstandszeiten mit Stoppuhr) abzuändern, da bei der Beobachtung mehrerer Webstühle hierbei vielfach Überschneidungen auftreten, die zu Ungenauigkeiten führen. Für die Stillstandszeiten durch Kettfadenbrüche, Störungen im Webfach, Schußfadenbrüche, Ausweben und Magazinfüllen wurden aus einer Vielzahl von Messungen Mittelwerte gebildet. Während der Beobachtung wurden die Zeiten der einzelnen Stillstände nicht mehr gestoppt, sondern diese nur noch der Zahl nach bestimmt.

Diese Methode der Bestimmung des Kett- und Webstuhlwirkungsgrades ergibt bei einer Mehrstuhlbeobachtung nicht nur die relativ verläßlichsten Werte, sondern erleichtert zudem die Arbeit des Beobachtenden wesentlich.

Im allgemeinen wurde für jeden Versuch eine Dauer von einer vollen Woche festgesetzt und eingehalten. Die rel. Luftfeuchtigkeit schwankte innerhalb der Versuchszeit zwischen 63 und 67 % und kann somit als konstant angesehen werden.

Im Verlauf der Versuche wurden alle Stillstände geordnet nach folgenden Gesichtspunkten registriert:

Kettfadenbrüche:
    durch Anspinner im Garn
       " dicke Stellen im Garn
       " Knoten im Garn
       " Schäben im Garn
       " dünne Stellen im Garn
      an Kantenfäden.

Störungen im Fach zwischen Geschirr und Blatt:
    durch Anspinner im Garn
       " dicke Stellen im Garn
       " Knoten im Garn
       " Schäben im Garn.

Forschungsberichte des Wirtschafts- und Verkehrsministeriums Nordrhein-Westfalen

A u s w e b z e i t e n

Störungen im Schützenlauf (herausgeflogene Webschützen)

Schußfadenbrüche:

    durch Anspinner im Garn
       " dicke Stellen im Garn
       " Knoten im Garn
       " Schäben im Garn
       " dünne Stellen im Garn

    im Schützenkasten (eingeklemmte Fäden)
    am Einfädler (um Einfädler geschl. Fäden)
    durch abgeschlagene Garnlagen
       " Spulereifehler.

Wie bereits erwähnt, wurden die mittleren Zeiten für die Beseitigung der oben angegebenen Störungsursachen durch häufige Messungen bestimmt, so daß durch Multiplikation der Störungshäufigkeiten mit diesen Erfahrungswerten die Stillstandszeiten errechnet werden konnten.

Aus den Ablesungen des Schußzählers bei Beginn und bei Beendigung eines Versuches ergab sich die Gesamtschußzahl und, dividiert durch die Schußzahl je Minute, die Webstuhllaufzeit je Versuch. Vermehrt um die festgestellten Stillstandszeiten ergibt sich ferner die tatsächlich für den Versuch benötigte Zeit, in der allerdings nicht enthalten sind: Beseitigung von Störungen am Webstuhl und andere außergewöhnliche Stillstandszeiten.

Unter dieser Einschränkung ergibt der Quotient zwischen der Webstuhllaufzeit und der tatsächlichen Versuchszeit den Webstuhlwirkungsgrad, der bei Einstuhlbedienung für den betreffenden Stuhl und für das während des betrachteten Versuchs verwendete Garn erzielt werden konnte. Von den oben angegebenen Ursachen der Schußfadenbrüche sind die beiden zuletzt aufgeführten, nämlich abgeschlagene Garnlagen und Spulereifehler, als vermeidbare Störungsursachen anzusehen, worauf noch einzugehen sein wird. Deshalb wurden die Versuchsergebnisse hinsichtlich des Webstuhlwirkungsgrades sowohl mit als auch ohne Berücksichtigung der in diese Rubriken fallenden Fadenbrüche ausgewertet.

Werden für die Errechnung der tatsächlichen Versuchszeit nur die Stillstände berücksichtigt, die durch Kettfadenbrüche, Störungen im Fach zwischen Geschirr und Blatt, Stillstände durch herausgeflogene Webschützen sowie der Auswebzeiten berücksichtigt, so ergibt der Quotient zwischen

Webstuhllaufzeit und Versuchszeit den <u>Kettwirkungsgrad,</u> der eine Vergleichszahl für die Beurteilung der Webstuhlleistung ohne Berücksichtigung der Schußfadenbrüche ist, bei gleichem Webstuhl also auch für die Güte des eingesetzten Kettgarns.

Im vorliegenden Bericht muß zu den angegebenen Zahlen des Webstuhl- und Kettwirkungsgrades noch einschränkend gesagt werden, daß die Stillstände durch Ausweben in ihnen nicht enthalten sind. Bei Mehrstuhlbeobachtung hätte die Einbeziehung dieser Zeiten zu einem Verwischen der Vergleichsresultate führen können, da bei mehreren Stühlen eine dauernde gleichmäßige Beobachtung in einem Maße, wie es ein derartiger Versuch erfordert, nicht durchführbar ist. Durch Weglassen der Stillstände durch Ausweben sind die festgestellten Wirkungsgrade gegenüber den in der Praxis erhältlichen überhöht. Sie eignen sich jedoch besser für einwandfreie Vergleiche.

Zur Charakterisierung der beiden Automatentypen wurden ferner die jeweils infrage kommenden Magazinfüllzeiten bestimmt.

d) Gewebe

Die Versuchsgewebe wurden nach einer einmaligen Wäsche zwecks Befreiung von der Kettgarnstärke im stuhlrohen Zustand auf Festigkeit geprüft.

Die aus 1/2-gebleichten Flachsgarnen gefertigten Gewebe wurden auf 4/4-weiß nachgebleicht. Die Nachbleiche wurde nach 2 Verfahren vorgesehen, die sich wie folgt charakterisieren lassen:

<u>Normal-Verfahren:</u> Sodakochung - alkal. Chlor - Sodabrühung - alkal. Chlor.

<u>Natriumchlorit-Verfahren:</u> Sodabrühung - Natriumchlorit - Sodabrühung - Natriumchlorit.

Beide Verfahren wurden in dem gleichen Betrieb ausgeführt. Es ist also auch bei den Geweben von der Möglichkeit der Natriumchloritbleiche wahlweise Gebrauch gemacht worden.

Die so nachgebleichten Gewebe wurden nochmals auf ihre Festigkeit untersucht. Ferner wurde ihr Durchschnitts-Polymerisationsgrad (DP-Zahl) bestimmt und der Weißgrad unmittelbar nach der Bleiche sowie nach 10 Maschinenwäschen (Lehrwäscherei Krefeld) aufgenommen.

4. Versuchsergebnisse

a) Garnbleiche

Aus den uns von den Bleichereibetrieben mitgeteilten Partiegewichten vor und nach der Bleiche errechnen sich die Gewichtsverluste, wie Tab. 1 zeigt.

Tabelle 1

Gewichtsverlust durch die Bleiche

Flachsgarn - 1/2-weiß

$F\ I_1$	Einsatzgewicht (Feuchtigkeitsgeh. 8,76 %)	534,01 kg	
	Bleichgewicht (Feuchtigkeitsgeh. 6,0 %)	491,90 kg	
	Gewichtsverlust		5,5 %
F II	Einsatzgewicht	538,-- kg	
	Bleichgewicht	512,-- kg	
	Gewichtsverlust		4,8 %
F III	Einsatzgewicht	553,4 kg	
	Bleichgewicht	486,0 kg	
	Gewichtsverlust		12,2 %
$F\ I_2$	Einsatzgewicht (Feuchtigkeitsgeh. 8,76 %)	529,38 kg	
	Bleichgewicht (Feuchtigkeitsgeh. 6,5 %)	478,-- kg	
	Gewichtsverlust		7,8 %
F IV	Einsatzgewicht	532,25 kg	
	Bleichgewicht	489,50 kg	
	Gewichtsverlust		8,0

Werggarn - 3/4-weiß

$W\ I_1$	Einsatzgewicht (Feuchtigkeitsgeh. 8,76 %)	543,08 kg	
	Bleichgewicht (Feuchtigkeitsgeh. 6,8 %)	481,-- kg	
	Gewichtsverlust		9,8 %

W II	Einsatzgewicht	554,-- kg	
	Bleichgewicht	512,-- kg	
	Gewichtsverlust		7,6 %
W I$_2$	Einsatzgewicht (Feuchtigkeitsgeh. 8,76 %)	549,34 kg	
	Bleichgewicht (Feuchtigkeitsgeh. 6,5 %)	486,60 kg	
	Gewichtsverlust		9,5 %
W IV	Einsatzgewicht	551,20 kg	
	Bleichgewicht	497,-- kg	
	Gewichtsverlust		9,8 %

Die Ergebnisse der Reißprüfung sind in Tab. 2 zusammengefaßt. Darin bedeuten:

Nm = metr. Garnnummer

Pm = mittl. Reißfestigkeit in g

U = Ungleichmäßigkeit der Garnfestigkeit in %

Rm = Reißlänge in km

d = Bruchdehnung in %.

T a b e l l e 2

Ergebnis der Garnprüfung

	Nm	Pm g	U %	Rm km	d %
Flachsgarn 1/2-weiß					
F I$_1$ roh	18,0	1048	17,7	18,9	1,96
1/2-weiß	19,9	1022	18,1	20,4	2,27
F II roh	17,0	1105	17,3	18,8	2,06
1/2-weiß	19,0	1014	18,9	19,3	2,47
F III roh	17,8	1085	17,9	19,3	2,01
1/2-weiß	19,6	1067	16,5	20,9	2,37
F I$_2$ roh	18,0	972	17,2	17,5	1,81
1/2-weiß	19,8	994	21,0	19,7	2,03
F IV roh	17,2	1179	18,2	20,3	2,04
1/2-weiß	19,1	1025	17,3	19,6	2,26
Werggarn 3/4-weiß					
W I$_1$ roh	10,7	1532	17,0	16,4	1,97
gebleicht	12,5	1466	16,3	18,3	2,15
W II roh	10,6	1755	16,6	18,6	2,16
gebleicht	12,2	1529	14,7	18,6	2,56
W I$_2$ roh	11,0	1517	18,9	16,7	1,89
gebleicht	12,0	1523	15,2	18,3	2,21
W IV roh	10,5	1601	17,7	16,8	2,01
gebleicht	12,0	1390	18,0	16,7	2,18

Aus den vorstehenden Zahlen errechnen sich die durch die Bleiche eingetretenen prozentualen Änderungen der Garndaten gemäß Tab. 3. Der Vergleich der aus den Wägungen der Partien hervorgegangenen Gewichtsverlustzahlen mit den sich aus den Nummerfeststellungen ergebenden läßt keine Übereinstimmung erkennen. Erhalten die ersteren eine größere Bedeutung dadurch, daß es sich bei ihnen um die Heranziehung der gesamten Partie handelt, während die Nummernänderung nur durch Wägung

T a b e l l e 3

Änderung durch die Bleiche in % der Ausgangswerte

	Garn-gewicht x)	Pm	Rm	d
Flachsgarn 1/2-weiß				
F I$_1$	− 9,5	− 2,5	+ 7,9	+ 15,8
F II	− 10,5	− 8,2	+ 2,7	+ 19,9
F III	− 9,2	− 1,7	+ 8,3	+ 17,9
F I$_2$	− 9,2	+ 2,3	+ 12,6	+ 12,2
F IV	− 9,9	− 13,1	− 3,4	+ 10,8
Werggarn 3/4-weiß				
W I$_1$	− 14,5	− 4,3	+ 11,6	+ 9,1
W II	− 13,1	− 12,9	± 0	+ 18,5
W I$_2$	− 8,0	+ 0,4	+ 9,6	+ 17,0
W IV	− 12,5	− 13,2	− 0,6	+ 8,5

x) aus der Nummerbestimmung

relativ geringer Garnlängen ermittelt wird, so ergibt sich eine Unsicherheit der festgestellten Gewichtsverluste durch die Möglichkeit verschiedener Feuchtigkeitsgehalte bei den zum Wiegen gekommenen rohen und gebleichten Partien. Wie bereits erwähnt, wurden diese Unterschiede nur in einigen Fällen bestimmt und in die Rechnung einbezogen. Die Nummernfeststellung hingegen erfolgt nach einer Klimatisierung des Prüfgutes. Es fällt auf, daß die Gewichtsverluste, die durch Nummernfeststellung ermittelt wurden, verhältnismäßig gut beisammen liegen mit einer einzigen Ausnahme bei W I$_2$. Es ergibt sich auch eine klare Abstufung zwischen den Verlusten bei dem 1/2-weißen Flachsgarn (9-10 %) und jenen bei dem 3/4-weißen Werggarn (13-14 %). Demgegenüber geben die durch Wägung der Partien festgestellten Gewichtsverluste stärker streuende Werte, ohne daß sich aber aus ihnen irgendwelche Schlüsse ziehen lassen. Bei Flachsgarn zeigen die unter Heranziehung des Natriumchlorits gebleichten Partien F I_1 und F II sehr niedrige Verluste (um 5 %), während die Partie F III, die ebenfalls mit Natriumchlorit gebleicht wurde, den höchsten Verlust von über 12 % aufweist. F I_2 und F IV, nach den bisherigen Verfahren gebleicht, haben Verlustzahlen um 8 %. Bei Werggarn zeigt sich eine geringe Differenzierung. Bis auf W II (um 8 %) liegen die Gewichtsverluste sämtlich um 1o %.

Mit je einer Ausnahme bei Flachs- und Werggarn sind die durch Nummernvergleich ermittelten Gewichtsverluste höher als die durch das Abwiegen der Partien festgestellten.

Die Verluste an Substanzfestigkeit, gemessen durch den Vergleich der Reißlängen, haben günstige Werte fast bei allen zur Prüfung herangezogenen Verfahren, wenn für das 1/2-gebleichte Garn ein Reißlängenverlust von ± 0 %, für das 3/4-gebleichte Garn ein Verlust an Reißlänge von etwa 5 % als normal zugrunde gelegt wird. Die F-Garne zeigen durchweg bis auf F IV eine Zunahme der Reißlänge, und auch die Werggarne haben nur bei W IV einen kleinen Verlust aufzuweisen. Irgendwelche in die Augen springende Vorteile der Natriumchlorit-Bleiche ergeben sich jedoch nicht. Zeigt bei den W-Garnen die Partie W I_1, die nur mit Natriumchlorit gebleicht wurde, den höchsten Wert der Reißlängenzunahme (+11,8 %), so beansprucht diesen bei den F-Garnen (+ 12,7 %) die Partie F I_2 für sich, die mit saurem Chlor + Peroxyd gebleicht worden ist.

Aus dem Gewichtsverlust und dem sich durch den Reißlängenunterschied ergebenden Verlust bzw. Gewinn an Substanzfestigkeit setzt sich die für die Praxis wesentliche Änderung der eigentlichen Garnfestigkeit Pm zusammen. So wie sie bei den Reißungen festgestellt und in den vorstehenden Tabellen eingetragen worden ist, liegt sie zwar im ganzen gesehen außerordentlich günstig, vielleicht bis auf Partie F IV, läßt aber irgendwelche Schlüsse auf besonders gute Schonung durch eines der angewandten Bleichverfahren nicht ziehen. Die Partien F I_2 und W I_2 zeigen sogar eine kleine Zunahme der Reißfestigkeit. Selbst wenn dieses Resultat wohl dem Zufall zuzuschreiben ist, gibt es doch einen Hinweis auf ein sehr gutes Festigkeitsergebnis der sauren Chlorbleiche I_2. Die mit Natriumchlorit durchgeführten Bleichen haben bei F I_1 und W I_1 (reine Natriumchlorit-Bleiche) und F III (alkal. Chlor + Natriumchlorit + Peroxyd) gute Ergebnisse, fielen aber bei F II und W II (sauer Chlor + Natriumchlorit) weniger vorteilhaft aus.

Bei Flachs- und bei Werggarn liegt die übliche Natriumhypochlorit-Sauerstoffbleiche mit 2-facher bzw. 3-facher Wiederholung am schlechtesten.

Werden die durch Wägung der Partien festgestellten Zahlen des Gewichtsverlustes den sich aus den Nummernbestimmungen ergebenden vorgezogen, so können aus den festgestellten Substanzverlustwerten (Änderung der Reißlänge) und jenen Gewichtsverlustzahlen andere Werte für die mittl. Reißkraftänderung in der Gesamtpartie <u>errechnet</u> werden, die unabhängig sind von Zufälligkeiten der Nummernschwankung in den zur Prüfung herangezogenen Strähnen. Diese Zahlen gibt Tabelle 4 wieder. Diese Zahlen ergeben ein etwas verändertes Bild. Neben der Reißkraftzunahme bei F I_2, welches Ergebnis wieder auf ein günstiges Abschneiden dieser Partie deutet, ergibt die mit reinem Natriumchlorit behandelte Partie F I_1 ein ebenfalls günstiges Ergebnis (+ 1,8 %). Auch bei Werggarnen steht die allein mit Natriumchlorit gebleichte Partie W I_1 mit + 0,8 % an bester Stelle. W I_2 hat seinen günstigen Platz behalten. F III tritt hinter F II zurück, F IV und W IV schneiden auch bei den errechneten Verlustzahlen für die Reißkraft am schlechtesten ab (- 11,0 und - 10,4 %).

Im ganzen gesehen enttäuschen die Ergebnisse der Garnuntersuchungen trotz der aufgewandten Arbeit (300 Reißungen je Einzelpartie), sofern sie zum Vergleich untereinander herangezogen werden sollen. Irgendeine Aussage zugunsten oder zu ungunsten der angewandten Verfahren läßt sich nicht mit genügender Sicherheit machen. Alles in allem gesehen sind die Verfahren I_1 und I_2 am besten ausgefallen, nämlich jene, bei denen ausschließlich Natriumchlorit bzw. das Sauer Chlor-Peroxyd-Verfahren angewandt wurde. Sie wurden beide im gleichen Bleichbetrieb ausgeführt.

Das Verhalten der <u>prozentualen Ungleichmäßigkeit der Festigkeit</u> - in die Zusammenstellung der Änderungen nicht besonders aufgenommen - ist unterschiedlich insbesondere bei Flachsgarnen, die im gebleichten Zustand teilweise eine bessere, teilweise eine schlechtere Ungleichmäßigkeit aufweisen als im Rohgarn. Bei den gebleichten Werggarnen scheint eine Tendenz zur Verbesserung der Gleichmäßigkeit vorzuliegen.

Deutlicher ist das Verhalten der <u>Bruchdehnung,</u> die ausnahmslos eine sehr beträchtliche Zunahme durch das Bleichen in der Größenordnung 10-20 % zu verzeichnen hat. Eine besondere Wirkung der einzelnen Bleichverfahren

Tabelle 4

Errechnete Änderung in % der Ausgangswerte

Flachsgarn 1/2-weiß	Pm
F I_1	+ 1,9
F II	− 2,2
F III	− 4,9
F I_2	+ 3,8
F IV	− 11,1

Werggarn 3/4-weiß	
W I_1	+ 0,7
W II	− 7,6
W I_2	− 0,8
W IV	− 10,3

konnte aber nicht festgestellt werden. Die Garne, bei deren Bleiche Natriumchlorit ausschließlich oder teilweise verwendet wurde, nehmen bei Flachsgarnen diesbezüglich die besseren Stellen ein, während bei den Werggarnen eine solche Tendenz nicht feststellbar ist.

Die unbefriedigende Eignung der vorgenommenen Festigkeitsprüfungen für eine Charakteristik der angewandten Bleichverfahren hinsichtlich einer mehr oder weniger zutage tretenden Schädigung bzw. Schonung des Materials veranlaßten uns, die gebleichten Garne auf ihren Durchschnitts-Polymerisationsgrad (DP-Zahl) zu untersuchen. Bekanntlich kennzeichnet der Durchschnitts-Polymerisationsgrad die Länge der kettförmigen Makromoleküle der Zellulose und deutet damit den inneren Zusammenhang der Fasergebilde an. Er gibt Aufschluß über den Grad des eingetretenen chemischen Faserabbaues durch oxydative Vorgänge. Die Ermittlung beruht auf Messungen der Viskosität einer Lösung der zu untersuchenden Zellulose, bei denen die Anzahl der Glukosebausteine festgestellt wird. In Tab. 5 sind die für die einzelnen Bleichgarne festgestellten DP-Zahlen aufgeführt. Diese Zahlen sind Mittelwerte aus mehrfachen Messungen, deren Ergebnisse in allen Fällen sehr nahe nebeneinanderliegen und in keinem Falle einander widersprechend waren.

Der Vergleich der DP-Zahlen ist außerordentlich interessant. Zunächst ist

Tabelle 5

Durchschnitts-Polymerisationsgrad

Garn	DP-Zahl
Flachsgarn, roh	2 800
Flachsgarn, 1/2-weiß	
F I_1	2 520
F II	1 790
F III	2 590
F I_2	1 760
F IV	1 700
Werggarn, roh	2 670
Werggarn, 3/4-weiß	
W I_1	2 250
W II	1 420
W I_2	1 440
W IV	1 320

festzustellen, daß in beiden Fällen, in denen reine Natriumchlorit-Bleiche angewandt worden ist (F I_1 und W I_1), sehr hohe Zahlen für den Durchschnitts-Polymerisationsgrad festgestellt werden konnten (2 520 bzw. 2 250). Diese Werte werden nur ein Mal noch bei dem Kombinationsverfahren Chlorkalk-Natriumchlorit (F III) erreicht und sogar überschritten. Die ebenfalls mit Natriumchlorit in Kombination verwendete Bleiche mit sauer Chlor (F II, W II), schneidet demgegenüber schon schlechter ab. Sie liegt in der Größenordnung der ohne Natriumchlorit arbeitenden Verfahren F I_2, W I_2 und F IV, W IV, die eine deutliche Abstufung gegenüber den erstgenannten günstigen Zahlen der Natriumchlorit-Bleiche aufweisen (1 760, 1 440 bzw. 1700, 1 320).

Die DP-Messungen zeigen also das eingangs geschilderte vorteilhafte Verfahren des Natriumchlorits als Bleichmittel gegenüber der Zellulose. Die Prüfungsmethode besticht durch die erreichte Exaktheit der Ergebnisse. Es wurde bereits gesagt, daß eine mehrfache Bestimmung der DP-Zahl gut übereinstimmende Werte ergab, während die Festigkeitsuntersuchungen sehr starke

Streuungen bei der Prüfung jedes einzelnen Garns aufwiesen. Freilich ist bei Bastfasergarnen der DP-Wert, der nur auf oxydative Vorgänge reagiert, für die Festigkeit nicht allein maßgebend. Diese kann auch durch alkalische Einflüsse die eine Veränderung der DP-Zahl nicht mit sich bringen, auf dem Wege über die Auflösung der Faserbündel ungünstig beeinflußt werden[1]. Immerhin geben die DP-Werte einen Hinweis auf die Beanspruchung der Substanzfestigkeit bei der Bleiche und können letzten Endes auf die Festigkeit der Garne nicht ohne Einfluß bleiben.

Auf den Weißgrad der einzelnen Garne soll erst bei der Beurteilung der Rohgewebe eingegangen werden.

b) Webversuche

Die Verarbeitung der Garne erfolgte wie im Abschnitt 3 c beschrieben.

Die Feststellung der mittleren Zeiten für die Behebung von Stillständen bzw. für die Magazinfüllung der Automaten wurde durch eine Mittelwertbildung aus einer großen Zahl von Zeitmessungen vorgenommen, die sich über die gesamte Versuchszeit verteilten. Die Mittelwerte sind in Tab. 6 eingetragen. Sie sind unabhängig von der Garnnummer und für Flachs- und Werggarn gleich hoch. Zu der Höhe der Stillstandszeiten muß noch gesagt werden, daß die Stühle von einem gut ausgebildeten Lehrling bedient wurden.

T a b e l l e 6 : Stillstandszeiten

Zeiten für:	Schützenwechsler	Spulenwechsler
Kettfadenbruch	60 s	60 s
Störung im Fach	40 s	40 s
Schußfadenbruch	29 + (40) s	36 s
Herausgefl. Webschützen	25 s	25 s
Magazinfüllen je Spule	42 s	13 s

---

[1] Vergl. KIND und VOLLENBRUCK: Bestimmungen des Faserabbaues bei der Leinengarnbleiche. Textil-Praxis 7 (1952), S. 716-720

Zunächst fallen die unterschiedlichen Zeiten für die Beseitigung eines Schußfadenbruches auf. Bei Auftreten eines solchen am Webstuhl mit Schützenwechsler wird nur der zuletzt eingetragene Schußfaden im Gewebe freigelegt, der Schützen gegen einen gefüllten, dem Magazin entnommenen ausgewechselt und der Webstuhl wieder in Betrieb gesetzt (29 s), während das Neueinfädeln des gerissenen Schußfadens und das Wiedereinlegen des betreffenden Webschützens in das Magazin während des Webstuhllaufes erfolgt. Dieser Vorgang ist ein verhältnismäßig umständlicher (40 s), der Deckelschützen muß geöffnet, der Faden neu eingefädelt, der Schützen wieder geschlossen und endlich wieder ins Magazin eingelegt werden. Diese Arbeit belastet den Weber zusätzlich, worauf bei Mehrstuhlbedienung Rücksicht zu nehmen ist. Beim Spulenwechsler liegen die Verhältnisse insofern anders, als nur e i n Webschützen vorhanden ist und somit das Neueinfädeln sofort erfolgen muß, wobei der Webstuhl während dieser gesamten Zeit stillsteht. Der Einfädelvorgang ist infolge eines besonders ausgebildeten Einfädlers schnell, durchschnittlich in 36 s durchführbar.

Die Magazinfüllzeiten wurden beim Schützenwechsler mit 42 s und beim Spulenwechsler mit 13 s je Spule ermittelt. Beim Schützenwechsler sind wegen des erforderlichen Öffnens und Schließens der Schützendeckel während des Einlegens der Spulen und infolge Fehlens einer selbsttätigen Einfädeleinrichtung dreimal so lange Zeiten als beim Spulenwechsler erforderlich.

Die Tabellen 7a - b (für Flachsgarne) und 8a - b (für Flachswerggarne) enthalten die Zahlen der aufgenommenen Stillstände, und zwar jeweils umgerechnet auf 100 000 Schuß. Die mit Sch. bezeichneten Spalten geben die Zeiten für den Betrieb mit Schützenwechslern, die mit Sp. bezeichneten Spalten für das Arbeiten mit Spulenwechselautomaten wieder. Die Tabellen a enthalten die Fadenbrüche und Störungen in der Kette, die Tabellen b die vom Schuß herrührenden Stillstände. Die abschließenden Spalten in den Tabellen a enthalten den Kettwirkungsgrad, in den Tabellen b den Webstuhlwirkungsgrad[1]. Wie ersichtlich, sind die Daten des Webstuhlwirkungsgrades einmal ohne, das andere Mal mit Berücksichtigung der als "vermeidbare Schußfadenbrüche" genannten Stillstände aufgeführt. Im übrigen sei auf die Ausführungen im Abschnitt "Versuchsplanung und -durchführung" (S. 16 - 18) verwiesen.

---

[1] Wie bereits angegeben, ohne Berücksichtigung der Auswebzeiten

Tabelle 7a

Garnbezeichnung	F I₁		F II		F I₂		F IV	
Automat	Sch.	Sp.	Sch.	Sp.	Sch.	Sp.	Sch.	Sp.
Kettfadenbrüche durch:								
Anspinner	131	142	126	1o9	138	13o	153	144
Dicke Stellen	46	42	23	33	25	18	28	3o
Knoten	97	96	11o	1o7	8o	113	63	89
Schäben	5	6	3	3	-	3	8	1o
Dünne Stellen	9o	7o	61	71	128	131	48	8o
Leistenfäden	12	1o	19	17	13	29	7	14
Kettfadenbrüche insgesamt:	381	366	342	34o	384	424	3o7	367
Störungen i. Webfach durch:								
Anspinner	4	5	6	12	16	8	2o	14
Dicke Stellen	4	1	3	3	3	4	5	4
Knoten	-	1	9	9	5	3	7	4
Schäben	1	1	1	-	-	-	1	1
Störungen i. Webfach insgesamt:	9	8	19	24	24	15	33	23
Störungen im Schützenlauf	3	1	2	-	1	5	2	1
Kettwirkungsgrad (%)	66,o	66,9	67,9	67,9	65,3	63,3	69,5	66,3

Tabelle 7b

Garnbezeichnung	F I₁		F II		F I₂		F IV	
Automat	Sch.	Sp.	Sch.	Sp.	Sch.	Sp.	Sch.	Sp.
1) Schußfadenbrüche durch:								
Anspinner	2	1	-	-	3	1	-	1
Dicke Stellen	3	2	1	-	-	1	-	-
Knoten	3	1	3	1	-	-	1	-
Schäben	-	-	-	-	-	-	-	-
Dünne Stellen	13	6	13	6	4	9	5	2
Schützenkasten	-	-	-	1	-	3	-	1
Einfädler	-	2	-	2	-	8	-	2
Schußfadenbrüche insgesamt:	21	12	17	10	7	22	6	6
2) Vermeidbare Schußfadenbrüche durch:								
Abgeschl. Garnlagen	16	-	25	-	16	-	29	-
Spulereifehler	7	5	3	-	3	7	2	4
Vermeidbare Schußfadenbrüche insg.:	23	5	28	-	19	7	31	4
Schußfadenbrüche 1 u. 2	44	17	45	10	26	29	37	10
Webstuhlwirkungsgrad in % unter Einbez. von 1	65,3	66,5	67,4	67,4	65,1	62,6	69,3	66,1
Webstuhlwirkungsgrad in % unter Einbez. von 1 u. 2	64,6	66,4	66,6	67,4	64,5	62,4	68,4	65,9

Tabelle 8a

Garnbezeichnung	W I₁		W II		W I2		W IV	
Automat	Sch.	Sp.	Sch.	Sp.	Sch.	Sp.	Sch.	Sp.
Kettfadenbrüche durch:								
Anspinner	59	65	42	51	55	63	114	1o5
Dicke Stellen	22	31	12	12	15	41	14	13
Knoten	25	25	25	25	15	25	26	3o
Schäben	2	-	7	16	9	23	34	54
Dünne Stellen	6	14	16	21	26	3o	29	27
Leistenfäden	1o	12	1	1	1	7	6	18
Kettfadenbrüche insgesamt:	124	147	1o3	126	121	189	223	247
Störungen im Webfach durch:								
Anspinner	12	17	3	9	6	4	2	6
Dicke Steller	2	2	1	1	2	-	1	-
Knoten	-	-	-	1	2	2	-	1
Schäben	-	-	-	2	-	2	1	3
Störungen i.Webfach ingesamt:	14	19	4	13	1o	8	4	1o
Störungen im Schützenlauf:	-	1	-	1	-	1	-	3
Kettwirkungsgrad in %	85,o	82,4	87,7	84,8	85,6	79,4	77,1	75,1

Tabelle 8b

Garnbezeichnung	W I₁		W II		W I₂		W IV	
Automat	Sch.	Sp.	Sch.	Sp.	Sch.	Sp.	Sch.	Sp.
1) Schußfadenbrüche durch:								
Anspinner	2	1	3	4	1	4	4	3
Dicke Stellen	-	1	2	1	1	-	2	5
Knoten	-	-	1	-	-	-	3	2
Schäben	-	-	-	-	-	-	1	1
Dünne Stellen	-	3	4	5	2	12	3	13
Schützenkasten	-	-	-	-	-	-	-	-
Einfädler	-	-	-	1	-	11	-	4
Schußfadenbrüche insgesamt:	2	5	9	11	4	27	12	27
2) Vermeidbare Schußfadenbrüche durch:								
Abgeschl. Garnlagen	8	-	9	-	12	-	11	-
Spulereifehler	3	57	6	34	8	6	3	39
Vermeidbare Schußfadenbrüche 1 u. 2	11	57	15	34	20	6	14	39
Schußfadenbrüche 1 u. 2	13	62	24	45	24	33	26	66
Webstuhlwirkungsgrad in % unter Einbez. von 1	84,9	82,1	87,2	84,1	85,3	78,1	76,5	73,5
Webstuhlwirkungsgrad in % unter Einbez. von 1 u. 2	84,3	79,2	86,6	82,3	84,3	77,8	75,8	71,9

Forschungsberichte des Wirtschafts- und Verkehrsministeriums Nordrhein-Westfalen

Die Wirkungsgradwerte liegen bei den Flachswerggarnen wesentlich höher als bei den Flachsgarnen, wie dies den Festigkeiten der verwendeten Garne entspricht.

Die Versuchsergebnisse mit Flachsgarnen zeigen in Tabelle 7a - b zwischen F I_1, F II, F I_2 und F IV hinsichtlich der Wirkungsgrade keine nennenswerten Unterschiede, wie dies nach den aus Tabelle 2 errechneten geringen Reißfestigkeits- und Reißlängenunterschieden auch nicht anders zu erwarten war. Irgendwelche Eigenheiten der verschieden gebleichten Garne haben sich jedenfalls in der Auswirkung auf ein besseres Weben nicht feststellen lassen.

Bei einem Vergleich der Wirkungsgradwerte für die Flachswerggarne in Tabelle 8a - b fällt in erster Linie das Material W IV mit einem niedrigen Wirkungsgrad auf, der von den Ergebnissen der Webversuche mit den anderen Garnen deutlich abweicht. Diese Feststellung deckt sich mit der geringeren Reißfestigkeit des Garns W IV (Tab. 2). W IV wies auch die niedrigste DP-Zahl auf. Zwischen W I_1, W II und W I_2 sind beachtenswerte Unterschiede nicht aufgetreten

Als Ergebnis der Webversuche mit <u>verschieden gebleichten Garnen</u> kann somit gesagt werden, daß sich <u>besondere Vorteile der mit Natriumchlorit</u> in ausschließlichen bzw. kombinierten Verfahren <u>gebleichten Garne</u> gegenüber anderen vor allem gegenüber dem Sauer-Chlor-Verfahren - <u>nicht erwiesen haben.</u> Andererseits muß festgestellt werden, daß das im Falle IV angewandte Bleichverfahren (Natriumhypochlorit - Peroxyd) mit dreifacher Wiederholung beim Werggarn, verglichen mit allen anderen Garnen, ein schlechtes Ergebnis hinsichtlich Garnqualität und Webwirkungsgrad zur Folge gehabt hat.

Ein weiteres Versuchsergebnis wird durch den Vergleich der Spalten für Schützenwechsel- (Sch.) und Spulenwechselautomaten (Sp.) ermöglicht. Dieser zeigt bei Flachsgarnen (Tab. 7a - b) keine nennenswerten oder einer bestimmten Tendenz entsprechenden Unterschiede der Kett- und Webstuhlwirkungsgrade. Es sei denn, daß ein solcher bei F IV zu ungunsten des Spulenwechslers erblickt werden kann. Im gesamten betrachtet erscheint es wenig wahrscheinlich, daß es sich hierbei um mehr als ein Zufallsresultat handelt.

Demgegenüber hat der Vergleich der Wirkungsgrade für Sch. und Sp. aus den Tabellen 8a - b für Werggarne ein anderes Ergebnis. Hier ist in allen Fällen eine deutliche Abstufung auch schon der Kettwirkungsgrade zugunsten der Schützenwechselautomaten zu verzeichnen. Es hat sich jedoch erwiesen, daß diese auffälligen Unterschiede nicht auf die Eigentümlichkeit des Arbeitens mit Schützen- bzw. Spulenwechslern zurückzuführen sind. Der Grund ist vielmehr in geringen Abweichungen der Geschirre bei den beiden Webstühlen zu suchen. Beim Umwechseln dieser Geschirre[1] vom Webstuhl mit Schützenwechsler auf den mit Spulenwechsler trat nämlich der festgestellte Unterschied im vorliegenden Falle zugunsten des Spulenwechslers auf.

Es ist interessant, daß die vorhandenen geringen Unterschiede in der Ausführung der Geschirre eine derart auffällige Wirkung zur Folge hatten. Drahtstärke und Augenabmessungen der verwendeten Litzen waren gleich, lediglich die Art der Aufhängung und die Endösen der Litzen waren unterschiedlich. Runde Aufhängestäbe ergaben die schlechteren, flache Aufhängestäbe die besseren Werte. Wahrscheinlich ist durch das freie Spiel der Litzen im ersteren Falle bei Garnunregelmäßigkeiten ein besseres Einspielen in die für den Kettfaden günstigste Lage eher gegeben als bei Rundstahlstäben, bei denen die Beweglichkeit der Litzen in vertikaler Richtung begrenzt ist. Dies möge als Beitrag zum Litzenproblem gewertet werden.

Wird dieser unvorhergesehene, aber einwandfrei festgestellte Einfluß der geringen Verschiedenheiten in der Litzenaufhängung berücksichtigt, so kann von einem <u>nennenswerten Unterschied der Webwirkungsgrade bei Betrieb mit Schützen- oder Spulenwechslern nicht gesprochen werden.</u>

Wenn auch, im ganzen betrachtet, somit eine Beeinflussung der Webstuhlwirkungsgrade durch die Alternative Schützen- oder Spulenwechsler nicht erwiesen werden konnte, so ist es doch nicht uninteressant, die in beiden Fällen aufgetretene Häufigkeit der Schußfadenbrüche für sich zu betrachten, die an sich bekanntlich, verglichen mit der Anzahl der Kettfadenbrüche, untergeordnet ist. Sie kommt somit in den Werten des Webstuhlwirkungsgrades, die vor allem durch die Häufigkeit der Kettfadenbrüche beeinflußt werden, nicht deutlich genug zum Ausdruck, während sie bei der Betrachtung der Automaten von eigentlichem Interesse ist. Werden zunächst die in den Tabellen 7b und 8b unter 1 genannten Fadenbrüche je 100 000 Schuß betrachtet, so ergibt sich für die Flachsgarne die Feststellung, daß

---

[1] Siehe auch die noch zu beschreibenden Versuche mit verschieden angebauten Spulenwechslern

das Ergebnis bei Spulenwechslern und Schützenwechslern nicht einheitlich ist. Insgesamt betrachtet, ist das Ergebnis ausgeglichen. Bei den Werggarnen lag der Vorteil demgegenüber eindeutig bei den Schützenwechslern. Im Durchschnitt aller Versuche war die Schußfadenbruchhäufigkeit wie folgt:

	F	W
Schützenwechsler	13	7
Spulenwechsler	12	18

Es hat sich also beim Vergleich Schützenwechsler gegen Spulenwechsler erwiesen, daß die Werggarne beim Arbeiten mit dem Spulenwechsler häufiger Schußfadenbrüchen unterworfen waren. Beim Vergleich der mittleren Schußfadenbruchzahl aus allen Versuchen ergibt sich, daß sich die Werggarne dabei sogar schlechter verhielten als die Flachsgarne, deren Kettfadenbruchzahl demgegenüber durchschnittlich mehr als doppelt so hoch lag als die der Werggarne.

Das Flachsgarn zeigte hingegen, wie bereits gesagt, hinsichtlich der Schußfadenbruchzahl keine klare Tendenz für ein unterschiedliches Verhalten beim Verarbeiten auf Stühlen mit Schützen- bzw. Spulenwechselautomaten.

Die Hauptursache der Schußfadenbrüche waren bei Flachs und bei Werg die dünnen Stellen im Garn. Es folgten als Ursachen die anderen Garnungleichmäßigkeiten. An dieser Stelle interessiert es vielleicht am meisten, auf die beiden vom Stuhl bzw. vom Automaten herrührenden Ursachen einzugehen, nämlich die im Schützenkasten eingeklemmten bzw. um den Einfädler geschlungenen Fäden. Erstere, hervorgerufen durch nicht völlig einwandfreie Schußfadenbremsung, traten vereinzelt bei den Spulenwechslern auf, jedoch nur bei Flachsgarnen. Um den Einfädler geschlungene Fäden - eine Erscheinung, die natürlich ebenfalls nur bei den Spulenwechslern auftreten konnte - traten in augenfälligem Maße merkwürdigerweise sowohl bei Flachs als auch bei Werg bei den nach dem gleichen Verfahren gebleichten Garnen $F\ I_2$ und $W\ I_2$ (Sauer Chlor und Peroxyd) auf. Insgesamt betrachtet und abgesehen von dem letztgenannten Fall, traten aber diese Fadenbruchursachen gegenüber jenen, die vom Garn herrührten, zurück.

Werden in die Betrachtung auch die in den Tabellen als vermeidbare Schußfadenbrüche bezeichneten einbezogen, nämlich die, welche durch abgeschlagene

Garnlagen oder Spulereifehler entstanden waren, so sieht der Vergleich wie folgt aus:

	F	W
Schützenwechsler	38	22
Spulenwechsler	17	52

Das Bild zu ungunsten des Spulenwechselautomaten, soweit es das Werggarn anbetrifft, wird jetzt noch ungünstiger, während sich beim Flachsgarn ein deutlicher Vorteil der Spulenwechselautomaten herausgearbeitet hat. Dabei ist es notwendig, etwas näher auf die als vermeidbar bezeichneten Schußfadenbrüche einzugehen. Unter diesen nahmen bei den Versuchen mit Schützenwechselautomaten die durch abgeschlagene Garnlagen verursachten und bei den Versuchen mit Spulenwechselautomaten die durch Spulereifehler herbeigeführten relativ hohe Werte an. Abgeschlagene Garnlagen wurden verschuldet durch die Ausbildung des Schützeninnenraumes, welcher mit Ausfräsungen in grober Sägezahnform ausgestattet war. Es kam vor, daß die Schlauchkopse beim Einlegen durch die scharfen Kanten auseinandergedrückt wurden und sich dabei Garnlagen lösten. Diese Erscheinung trat bei Flachsgarnen, also bei der feineren Garnnummer, häufiger auf. Abhilfe kann leicht durch Auskleiden des Schützeninnenraumes mit Plüsch oder dergl. geschaffen werden. Als Spulereifehler wurde bei der Arbeit mit Schützenwechslern die Erscheinung festgestellt, das Garnbeschädigungen durch übermäßig scharfe Spindelkanten der Schlauchkopsmaschine entstanden waren.

Beim Weben mit Spulenwechselautomaten entstanden Schußfadenbrüche, die auf Fehler zurückgeführt werden konnten, welche auf das Umspulen von Kreuz- auf Automatenspulen zurückgingen, wobei zu bemerken ist, daß dieses Umspulen auf einer Maschine erfolgte, bei der die Fadenreserven von Hand aufgebracht werden mußten. Dabei wurden die Reserven vielfach zu kurz und manchmal auf die Klemmringe der Spulenkörper gewickelt, so daß beim Weben vor dem Wechseln der zwischen Klemmringen und Klemmfedern festgehaltene Schußfaden reißen mußte. Bei zu kurzer Fadenreserve entstand, ehe der Wechsel vor sich ging, ebenfalls ein unerwünschter Stillstand. Die Stillstände durch Spulereifehler waren beim Verarbeiten der Werggarne besonders hoch, was fast allein auf zu kurze Fadenreserven zurückzuführen war. Gerade bei gröberen Garnen wird die Länge der Fadenreserve leicht überschätzt. Vollautomatische Spulmaschinen können in dieser Hinsicht Abhilfe schaffen.

Wie aus den Tabellen 7b und 8b ersichtlich, geht die Größenordnung dieser

Forschungsberichte des Wirtschafts- und Verkehrsministeriums Nordrhein-Westfalen
___

Art von Fadenbrüchen über die derjenigen, die durch Garnfehler bzw. falsches Arbeiten des Stuhles verursacht werden, sogar hinaus. Die Bezeichnung "vermeidbare Fadenbrüche" deutet bereits darauf hin, daß diese bei präziser Arbeit bzw. geeigneten Maßnahmen und Maschinen ausgeschaltet werden können. Immerhin ist die Anfälligkeit der Systeme in Bezug auf doch hin und wieder anzutreffende ungünstige Umstände nicht ohne Interesse. Aus welchen Gründen diese "vermeidbaren Ursachen" das Bild der mittleren Fadenbruchhäufigkeit für die (feineren) Flachsgarne, besonders beim Arbeiten mit dem Schützenwechsler und für die (gröberen) Werggarne, insbesondere beim Arbeiten mit dem Spulenwechsler verschlechtern, wurde im vorigen Absatz dieses Abschnittes erläutert und dabei die zweckentsprechenden Maßnahmen zu ihrer Vermeidung erwähnt.

Es war, auch abgesehen von den vermeidbaren Fadenbrüchen, eine absolute Gleichwertigkeit des Spulenwechslers mit dem Schützenwechsler im Hinblick auf die Schußfadenbrüche und somit auf den Webstuhlwirkungsgrad bei den Werggarnen also nicht zu erweisen. Da aber die Schußfadenbrüche in ihrer Anzahl gegenüber den Kettfadenbrüchen keine ausschlaggebende Bedeutung haben, kann von tatsächlich merklichen Unterschieden der Wirkungsgradwerte beim Arbeiten mit Schützen- und Spulenwechslern, wie bereits festgestellt wurde, nicht gesprochen werden.

Die bisher zwischen Spulenwechslern und Schützenwechslern vorgenommenen Vergleiche, die, wie vorstehend bemerkt, kein kennzeichnendes Ergebnis hatten, berücksichtigten <u>nicht</u> die Magazinfüllzeiten, über die auf Seite 27 und 28 berichtet wurde. Die Füllzeiten je Spule wurden mit 42 s beim Schützenwechsler und mit 13 s beim Spulenwechsler ermittelt. Die nachfolgende Betrachtung soll die auf das Füllen des Magazins je 100 000 Schuß benötigten Zeiten bei den beiden Systemen für verschiedene Garnnummern und Gewebeeinstellbreiten aufzeigen, wobei gleich große Webschützen Verwendung fanden (Länge 400 mm, Breite 46 mm, Höhe 35 mm). - Bei weitgehender Ausnützung des Webschützenraumes lassen sich Schlauchkopse von 195 mm Länge und 30 mm ∅ bzw. Automatenspulen mit 195 mm Länge (einschl. Klemmringen) und 26 mm ∅ verwenden. Somit hat der Webschützen beim Schützenwechsler ein Netto-Garnfassungsvermögen von 76 g, der Spulenwechsler von nur 36 g. Demgegenüber stehen die sehr unterschiedlichen Füllzeiten je Spule zuungunsten des Schützenwechslers.

Forschungsberichte des Wirtschafts- und Verkehrsministeriums Nordrhein-Westfalen

Die festgestellte Füllzeit je Spule und das obengenannte Garnfassungsvermögen des Schützens zu Grunde gelegt, können für verschiedene Gewebeeinstellbreiten und Garnnummern die Magazinfüllzeiten je 100 000 Schuß errechnet bzw., wie es in Abb. 1 geschehen ist, graphisch dargestellt werden. In dieser Darstellung sind die Zeiten für den Spulenwechsler als ausgezogene, für den Schützenwechsler als gestrichelte Linien enthalten. Für den Versuchsfall (167 cm Gewebeeinstellbreiten und Ne_L 30 bzw. 18) ergeben sich die Magazinfüllzeiten je 100 000 Schuß wie folgt:

Flachsgarn Ne_L 30
- Spulenwechsler   55,4 min
- Schützenwechsler   84,7 min

Flachswerggarn Ne_L 18
- Spulenwechsler   92,3 min
- Schützenwechsler   141,2 min

Aus diesen Zahlen ergibt sich bei der festgestellten Gleichheit der auf Grund der Stillstände ermittelten Kett- bzw. Webstuhlwirkungsgrade die Überlegenheit der Spulenwechselautomaten im Hinblick auf die angestrebte Entlastung des Webers.

An der <u>Arbeit der Automaten</u> waren während der Versuche besondere Mängel nicht feststellbar. Sie funktionierten einwandfrei ohne Reparaturen. Wenn dies auch in erster Linie auf die Ausführung und Arbeitsweise der Automaten selbst zurückgeht, dürfte es doch auch von der vor dem Anbau der Automaten gründlich durchgeführten Webstuhlüberholung abhängig sein, auf die im Anhang dieses Berichtes kurz eingegangen wird.

Immerhin soll folgender Zweckmäßigkeitshinweis für die Ausbildung des verwendeten Spulenwechselautomaten nicht unterbleiben. Wünschenswert erscheint die Umgestaltung des jetzigen halbrunden Gleitmagazins in ein Trommelmagazin, in dem jede Garnspule gesondert gehalten wird. Hierdurch wird erreicht, daß auch fast abgelaufene Spulen in das Magazin eingelegt werden können, ohne Gefahr, daß Fehler beim Wechseln durch Verkanten der Spule entstehen.

Wesentlich für die vergleichende Beurteilung der beiden Automatensysteme ist natürlich auch der <u>Ausfall der Gewebe.</u>

Die Schußdichte war bei beiden Automatenarten gleichmäßig. Es war allerdings darauf zu achten, daß die Fadenreserven beim Spulenwechselautomaten nicht zu kurz blieben, andernfalls Gefahr für Schußstreifen besteht.

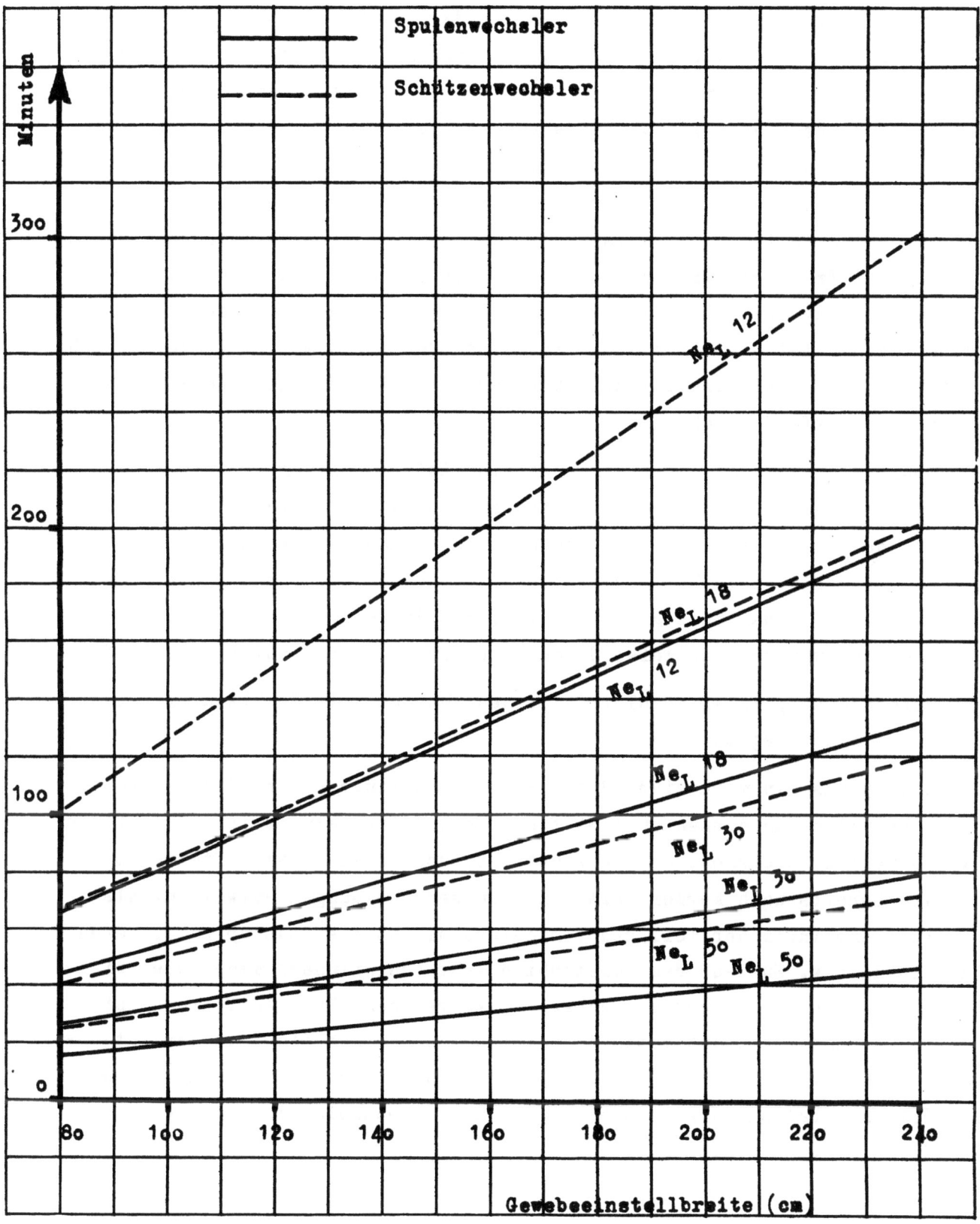

Abbildung 1

Magazinfüllzeiten je 100 000 Schuß

Forschungsberichte des Wirtschafts- und Verkehrsministeriums Nordrhein-Westfalen

Der gute Ausfall der Leisten hängt in der Hauptsache zusammen mit der Möglichkeit, eine gleichmäßige Bremsung des Schußfadens zu erreichen. Als Bremseinrichtung dienen bei dem für den Schützenwechsler verwendeten Schützen je 2 vor dem Porzellanauge angebrachte Stahlösen, durch die der Faden läuft und denen noch eine mit Bohrung versehene Lederscheibe vorgesetzt wurde. Durch ensprechende Einfädelung des Fadens durch die Ösen kann die Fadenbremsung in ihrer Größe verändert werden. Demgegenüber machen sich jedoch die Einfräsungen im Schützeninnern nachteilig bemerkbar und können bei Behinderung des Fadenablaufs Einzüge in den Kanten verursachen. Bei feinen Garnen ist hier eine Auskleidung des Schützens mit Filz oder Plüsch empfehlenswert. Bei Verarbeitung gröberer Garne ist die letztgenannte Maßnahme nicht erforderlich.

Der Spulenwechsler setzt der einwandfreien Leistenbildung größere Schwierigkeiten entgegen. Der Ausfall der Leisten hängt hier einerseits vom Einfädler und andererseits von der Schußfadenbremsung ab. Der Einfädler muß ein präzises Einfädeln bei Spulenwechsel und eine gute Führung des Fadens während des Spulenablaufs gewährleisten; der Faden darf z.B. nicht zeitweise durch zwei und zeitweise durch eine Windung der Stahlspirale laufen.

Der verwendete Spiral-Einfädler für einen Webstuhl mit Rechtsautomat ist in Abb. 2 wiedergegeben.

Er besteht aus einem massiven Rotgußkörper mit eingesetzter Stahlspirale. Zur Fadenumlenkung dienen zwei Stifte, die aus Spezialmaterial (vermutlich Hartporzellan) bestehen, da die sonst gebräuchlichen Stahlstifte bei Leinengarn bereits nach kurzer Zeit Abnutzungserscheinungen aufweisen. Als einziger empfindlicher Teil des Einfädlers bleibt die Stahlspirale, deren Ausbildung bzw. Zustand das Leistenbild sehr beeinflussen kann. Die Spiralen sind deshalb leicht auswechselbar vorgesehen. Ihre Ausführung ist für Links- und Rechtsautomaten einheitlich. Lediglich die Form der Rotgußkörper ist unterschiedlich, um bei gleicher Richtung der Fadenaufwindung und der Fadenballonbewegung während des Spulenwechsels ein störungsfreies Einfädeln zu gewährleisten.

Wie die Felleinlagen und Bürsten zur Bremsung des Schußfadens gemäß der Fadenballonbildung angeordnet sind, geht ebenfalls aus Abb. 2 hervor. Im wesentlichen wird die Bremsung von den Bürsten reguliert. Diese Lösung des Bremsproblems kann noch nicht als allgemein voll befriedigend angesehen werden. Es kommt vor, daß sich während des Webens einzelne Borsten lösen oder sie nutzen sich, hauptsächlich bedingt durch den Spuleneinschlag, ab, so daß eine gleichmäßige Bremsung in Frage gestellt wird. Zu schwache Bremsung führt zu einem ungenügend kontrollierten Lauf des Fadens und kann schlechte Kanten zur Folge haben. Die Möglichkeit einer Bremsverstärkung ist nur durch eine völlige Erneuerung der Bürsten gegeben. Dabei ist zu beachten, daß auch zu starke Fadenbremsung für den Ausfall der Leisten von Nachteil ist. Eine weitere ungünstige Beeinflussung der Bremsung ist gegeben, wenn z. B. bei gelockerter Spulenhalteklemme - einer hin und wieder vorkommenden Störung - die aus der Normallage gebrachte Spulenspitze ein verschieden starkes Andrücken des ablaufenden Schußfadens an die Borsten verursacht. Gleichzeitig ist hierbei die Stellung der Schußspule zum Einfädler ungünstig verändert. Zur Vermeidung des Umschlingens von Fäden um den Einfädler wurde zusätzlich eine weitere Bürste angebracht. Eine

A b b i l d u n g   2

Gefahr bilden auch Reservefadenlagen, die bei schlechtem Spulen in der Halteklammer eingeklemmt werden und Leisteneinzüge mit sich bringen.

Den bereits geschilderten Vorteilen der Spulenwechselautomaten - Fortfall des Schützenfüllens, geringe Magazinfüllzeiten - stehen also gewisse mit dem Ausfall des Gewebes zusammenhängende Nachteile gegenüber, die darin bestehen, daß die Webschützen einer häufigen Kontrolle, Pflege und Reparatur ausgesetzt werden müssen. Dabei ist von großem Vorteil, daß eine ausreichende Anzahl gleicher Schützen als Reserve vorhanden sind, damit während dieser Reparaturzeiten keine unnötigen Webstuhlstillstände entstehen.

Der Ausfall der Gewebe aus den hier beschriebenen Versuchen mit Schützenwechsel- und Spulenwechselautomaten bzw. der Vergleich ihrer Kanten ließ einen gewissen Vorteil der Schützenwechsler erkennen. Andererseits konnte dem Ergebnis und den Beobachtungen nicht entnommen werden, daß es bei einer hierbei notwendigen Überwachung bzw. Automatisierung der Spulenherstellung, Einweisung des Personals und der beschriebenen Pflege der Automatenwebschützen nicht möglich wäre, auch mit Spulenwechslern einwandfreie Gewebekanten zu erzielen. Es darf nicht außer Acht gelassen werden, daß die Versuche unmittelbar nach dem Anbau des in dieser Weberei nicht vertretenen Automatentyps begonnen wurden.

Schließlich ist beim Vergleich der Ergebnisse festzustellen, daß nur mit je einer einzigen Ausführung der Automaten sowie der Webschützen gearbeitet wurde. Es war mit Rücksicht auf den Umfang des Versuchs nicht möglich, z.B. auf andere geeignete Ausführungen des Einfädlers bei Betrieb mit Spulenwechsler einzugehen, was nicht ohne Interesse gewesen wäre.

Bei einer kritischen Betrachtung zwischen Schützen- und Spulenwechselautomaten darf die Frage der Restgarnmengen nicht unerwähnt bleiben. Allgemein kann dazu gesagt werden, daß diese bei beiden Automatenarten gering gehalten werden können. Die Restmengen der Schlauchkopse sind naturgemäß etwas größer als die der Automatenspulen, was jedoch durch das doppelte Garnfassungsvermögen eines Schlauchkopses gegenüber dem einer Automatenspule praktisch ausgeglichen wird. Sowohl die angewandte elektromechanische Spulenfühlereinrichtung für Schlauchkopse, als auch der elektromechanische Abgleitfühler für Automatenspulen lassen sich auf sparsamen Betrieb einstellen. Vorteilhaft ist in diesem Zusammenhang, wenn für die Herstellung der Automatenspulen, wie bereits erwähnt, automatisch arbeitende Schußspulmaschinen Verwendung finden, bei denen die Länge der Fadenreserve festgelegt und exakt eingehalten werden kann. Als Nachteil für den Spulenwechsler ist das Abziehen der Fadenreserve vor den Schußspulen aufzuführen. Falls hierfür keine besondere Maschine zur Verfügung steht, ist, wie einige Ermittlungen ergaben, pro Spule mit etwa 3 s Arbeitszeit einer Hilfkraft zu rechnen.

Wie in dem Abschnitt Versuchsplanung und -durchführung angegeben, wurde im Rahmen der beschriebenen Versuche auch die Zweckmäßigkeit des <u>Spulenwechsleranbaus rechts oder links</u> - vom Weber aus gesehen - erprobt. Die bisher geschilderten Vergleichsversuche zwischen Schützen- und Spulenwechsler erfolgten mit rechts angebauten Automaten. Unabhängig davon wurden vergleichsweise das Flachsgarn F III und das Werggarn W II jeweils gleichzeitig auf 2 Stühlen verwebt, deren einer einen rechts, der andere einen links angebauten Spulenwechsler hatte. Es wurde bereits darauf hingewiesen, daß die nicht unbegründete und mit dem Vorgang der Einfädelung zusammenhängende Ansicht besteht, daß der Rechtsanbau entsprechend der üblichen Aufwinderichtung des Fadens auf die Automatenspule von Vorteil ist. Es galt nachzuweisen, inwieweit tatsächlich für die Wirkungsweise des Stuhles bzw. für seinen Wirkungsgrad die Anordnung des Automaten von nennenswerter Bedeutung ist. Die vorgenannten Garne und die Bleichverfahren, denen sie unterworfen waren (F III: Alkal. Chlor - Natriumchlorit-Peroxyd; W II: Saures Chlor-Natriumchlorit), sind in dem entsprechenden Abschnitt des Berichtes beschrieben worden. In dem hier betrachteten Zusammenhang, bei dem es sich um die Anordnung des Spulenwechslers handelt, interessieren sie nur nebenher.

In Tabelle 9 sind in bekannter Weise die Kettfadenbrüche, Kettwirkungsgrade, Schußfadenbrüche und Webstuhlwirkungsgrade, die bei den diesbezüglichen Versuchen festgestellt bzw. errechnet wurden, eingetragen.

Für Flachsgarne ist dabei die eindeutige Feststellung zu machen, daß sich beim Betrieb mit rechts und links angebauten Automaten auch nicht die geringsten Unterschiede ergeben haben. Fadenbruchhäufigkeit und Wirkungsgrade decken sich bis auf die Dezimale[1].

---

[1] Die in Tab. 9 enthaltenen Werte für Fadenbruchhäufigkeiten dürfen nicht unmittelbar verglichen werden mit denjenigen für Flachsgarne in der Tab. 7. Bei dem jetzt behandelten Vergleichsversuch mit rechts und links angebauten Automaten liefen die Flachsgarne beim Spulen durch Fadenreiniger. Hierdurch wurde eine nennenswerte Verbesserung des Wirkungsgrades erzielt.

Forschungsberichte des Wirtschafts- und Verkehrsministeriums Nordrhein-Westfalen

Tabelle 9

Garnbezeichnung	F III		W II	
Spulenwechselautomat	rechts	links	rechts	links
Kettfadenbrüche insgesamt	199	2o6	158	124
Störungen im Webfach insgeamt	34	24	9	8
Störungen im Schützenlauf	3	-	-	1
Kettwirkungsgrad in %	77,2	77,2	82,1	85,2
1) Schußfadenbrüche durch:				
Anspinner	-	1	3	1
Dicke Stellen	-	-	2	4
Knoten	-	-	1	3
Schäben	-	-	-	-
Dünne Stellen	5	2	12	1o
Schützenkasten	-	-	-	-
Einfädler	2	4	2	1
Schußfadenbrüche insgesamt:	7	7	2o	19
2) Vermeidbare Schußfadenbrüche durch:				
Abgeschl. Garnlagen	-	-	-	-
Spulereifehler	1	-	47	21
Vermeidbare Schußfadenbrüche insgesamt	1	-	47	21
Schußfadenbrüche 1 u. 2	8	7	67	4o
Webstuhlwirkungsgrad in % ohne Berücksichtigung der vermeidbaren Schußfadenbrüche	76,8	76,8	81,o	84,2
Webstuhlwirkungsgrad in % mit Berücksichtigung der vermeidbaren Schußfadenbrüche	76,7	76,8	78,6	83,o

Bei Werggarn ergibt sich aus den Zahlen der scheinbare Vorteil des Linksanbaus. Es handelt sich aber hierbei um den gleichen unvorhergesehenen Fehler, der bei den Versuchen gemäß Tabelle 8a und 8b unterlaufen ist, indem dort für die Versuche mit dem Schützenwechsler (Sch.) eine geringfügig unterschiedliche Litzenaufhängung verwendet wurde als bei den Versuchen mit dem Spulenwechsler (Sp.). Das Geschirr von den Versuchen Sch. wurde bei den jetzt beschriebenen Versuchen für den Webstuhl mit links angebauten Spulenwechselautomaten verwendet, und es zeigt sich auch hier die Überlegenheit dieser Litzenausführung bzw. Aufhängung in der gleichen Größenordnung wie bei den Versuchen nach den Tabellen 8a und 8b. Somit ist nachgewiesen, daß der festzustellende Unterschied zwischen den Stillstands- und Leistungszahlen für die Werggarne in Tabelle 9 auf Ursachen zurückgeht, die mit dem Versuchsgegenstand, nämlich der Anordnung des Automaten am Webstuhl, nichts zu tun haben. Es kann daher, wie beim Flachsgarn, festgestellt werden, daß die Frage, ob Rechts- oder Linksanbau, für die Arbeitsweise des Automaten in diesem Falle ohne Bedeutung war.

c) Gewebe

Wie bereits an anderer Stelle erwähnt, wurden die Gewebe zunächst stuhlroh nach einer einmaligen Wäsche unter Beachtung der Vorschriften DIN 53 801 auf ihre physikalischen Eigenschaften untersucht. Je Gewebe wurden in Kett- und Schußrichtung je 20 Streifen der Reißprüfung unterworfen und die Fadenzahl je Streifen bestimmt. Die ermittelten Festigkeitswerte wurden in allen Fällen auf die vorgesehene Fadenzahl von 100 Fäden je 5 cm Streifen bei den Flachsgarnen und 75/80 Fäden bei den Werggarnen umgerechnet.

Ferner wurde der Weißgehalt der Gewebe bestimmt. Dazu wurde das von den Farbwerken Hoechst entwickelte Gerät benützt, wobei mit Blau- und Rotfilter gemessen und der Weißgehalt nach der Formel $W = 2B - R$ errechnet wurde. Diese Methode entspricht erfahrungsgemäß am besten der Empfindung des menschlichen Auges.

Der Durchschnitts-Polymerisationsgrad (DP-Zahl) der stuhlrohen Gewebe war von der Untersuchung der gebleichten Garne her bekannt.

Tabelle 10 gibt die festgestellten Zahlen für die Gewebe aus Flachs- und Werggarnen wieder. Das Ergebnis ist, was die Festigkeit der Gewebe anbetrifft, insofern ein enttäuschendes, als irgendwelche charakteristischen

Tabelle 10

Prüfergebnisse der stuhlrohen Gewebe

Gewebebezeichnung		F I$_1$		F II		F I$_2$		F IV	
Geweberichtung		K.	S.	K.	S.	K.	S.	K.	S.
Bruchfestigkeit	kg	70,2	82,7	71,0	78,7	66,7	72,5	72,4	79,0
Bruchdehnung	%	26,9	14,3	25,7	13,1	22,4	13,4	25,2	14,0
Weißgrad		60,0		60,5		59,3		63,9	
DP-Zahl		2520		1790		1760		1700	

Gewebebezeichnung		W I$_1$		W II		W I$_2$		W IV	
Geweberichtung		K.	S.	K.	S.	K.	S.	K.	S.
Bruchfestigkeit	kg	71,1	87,5	74,0	87,8	71,0	77,2	72,8	90,6
Bruchdehnung	%	23,7	13,7	25,5	14,9	22,9	15,0	24,9	14,5
Weißgrad		63,5		64,7		62,6		69,7	
DP-Zahl		2250		1420		1440		1320	

Unterschiede für die Gewebe aus den verschieden gebleichten Garnen nicht festzustellen sind. Die vorhandenen Schwankungen sind kaum mehr als Zufälligkeiten. Der bei der Prüfung der Garne festgestellte Vorteil der Flachsgarne $F\ I_1$ und $F\ I_2$ bzw. der entsprechenden Werggarne ist in der Festigkeit der Gewebe nicht mehr zu erkennen. Auch die Bruchdehnung zeigt keine kennzeichnenden Unterschiede bei den einzelnen Geweben. Die Werte des Weißgrades liegen nahe beieinander. Lediglich die Gewebe IV, deren Garne auch den höchsten Festigkeitsverlust zeigten, sind etwas heller, jedoch nicht in einem Maße, welches die erwähnten, wesentlich höheren Festigkeitsverluste voll erklären könnte.

Auf die DP-Zahlen, die einen deutlichen Vorteil der Natriumchlorit-Bleiche sichtbar machen, wurde bereits in dem die Ergebnisse der Garnbleichen beschreibenden Abschnitt eingegangen.

Wie bereits berichtet, wurden die aus Flachsgarnen hergestellten Gewebe einer Nachbleiche unterworfen, und zwar vergleichsweise einer normalen Behandlung und einem Verfahren unter Anwendung von Natriumchlorit als Bleichmittel (vergl. S. 18). In beiden Fällen wurde eine Vollbleiche angestrebt.

Die gebleichten Gewebe wurden in der gleichen Weise geprüft, wie dies bei den Rohgeweben beschrieben wurde. Je Gewebe und Geweberichtung wurden mindestens 10, in den meisten Fällen 20 Streifen gerissen. Die Ergebnisse der Prüfungen sind in Tabelle 11 enthalten.

Zunächst ergibt sich auf den ersten Blick, daß sowohl die DP-Zahlen als auch die Gewebefestigkeiten bei der Nachbleiche mit Natriumchlorit (in der Tabelle als $NaClO_2$-Bleiche bezeichnet) eindeutig bessere Werte aufweisen als nach der normalen Bleiche. Dieser Unterschied macht sich mehr bei den Geweben bemerkbar, deren Garne ausschließlich oder in Kombination mit Natriumchlorit vorgebleicht waren ($F\ I_1$ und F II). Hier liegt der Festigkeitsunterschied in der Größenordnung von 10 % und ist somit beachtlich. Die DP-Zahlen sprechen in allen Fällen eindeutig für die Nachbleiche mit Natriumchlorit. Sie erreichen nämlich bei den vollweißen, normal gebleichten Geweben eine Grenze, die nach den heutigen Erfahrungen nicht gern unterschritten wird.

Zugegebenerweise ist das mit Natriumchlorit erreichte Weiß, wie die Zahlen des Weißgrades zeigen, geringer als nach der Normalbleiche. Dies erschwert den Vergleich, doch kann nicht angenommen werden, daß sich die Werte für

Tabelle 11

Prüfungsergebnisse der nachgebleichten Gewebe

Gewebebezeichnung		F I$_1$		F II		F I$_2$		F IV	
Geweberichtung		K.	S.	K.	S.	K.	S.	K.	S.
Gewebe 4/4-weiß (normale Bleiche)									
Bruchfestigkeit	kg	66,6	76,0	67,5	70,0	63,1	64,6	65,5	70,7
Festigkeitsverlust	%		6,6		8,0		8,2		10,0
Bruchdehnung	%	9,2	11,6	9,1	10,6	8,2	10,7	8,4	11,6
Weißgrad		77,9		75,2		74,8		74,7	
DP-Zahl		1420		1260		1150		1280	
Gewebe 4/4-weiß (NaClO$_2$-Bleiche)									
Bruchfestigkeit	kg	75,6	79,2	73,3	75,4	67,6	68,4	68,8	67,4
Festigkeitsverlust	%		+ 1,8		0,5		2,2		9,9
Bruchdehnung	%	12,4	12,6	12,0	10,5	10,5	11,2	10,4	10,4
Weißgrad		69,3		69,1		68,5		67,4	
DP-Zahl		2160		1630		1530		1550	

den Polymerisationsgrad und die Festigkeit bei gleichem Weißgehalt, d.h. bei einer etwas weniger intensiven Normalbleiche, ausgeglichen hätten.

Der Vergleich der Zahlen für die einzelnen Gewebe ist nicht einfach, auf auftretende Streuung der Versuchsresultate ist Rücksicht zu nehmen, insbesondere auch bei der Errechnung der Festigkeitsverluste, bezogen auf die stuhlrohen Waren. Es ist zweckmäßig, die sich ergebenden Zahlen nur ihrer Größenordnung nach zu werten, besser noch, nur die Tendenz zu registrieren. Der erwähnte Festigkeitsverlust der Gewebe wurde in Tabelle 11 deshalb auch nur als Mittel der Ergebnisse in Kett- und Schußrichtung eingetragen.

Der absoluten Festigkeit und dem Festigkeitsverlust nach liegt das Gewebe $F\ I_1$ aus dem im reinen Natriumchlorit-Verfahren gebleichten Garn am besten. Es weist auch einen, den anderen Geweben überlegenen Durchschnitts-Polymerisationsgrad auf. Es folgt das Gewebe II, dessen Garn im kombinierten Sauer Chlor-Natriumchlorit-Verfahren gebleicht war. Am wenigsten gut schneidet F IV mit nach dem Natriumhypochlorit-Peroxyd-Verfahren gebleichten Garn ab. Die Unterschiede sind bei den normal nachgebleichten Geweben weniger deutlich als bei den Geweben, die mit Natriumchlorit nachbehandelt worden waren. Liegen im ersteren Fall die Festigkeitsverluste zwischen 6,6% bei $F\ I_1$ und 1o,o % bei F IV, so sind sie nach der Nachbleiche mit Natriumchlorit zwischen 0 (bei $F\ I_1$ ergibt sich rechnerisch sogar eine Festigkeitszunahme von 1,8 %) und 9,9 % bei F IV zu finden. F II hat 8,o bzw. o,5 %, $F\ I_2$ (Sauer Chlor-Peroxyd-Bleiche des Garns) 8,2 bzw. 2,2 % Festigkeitsverlust durch die Nachbleiche.

Werden diese Festigkeitsverluste durch die Nachbleiche in Verbindung mit den nach der Garnbleiche festgestellten betrachtet (siehe S. 22 und 25), so kann nicht abgestritten werden, daß das Garn $F\ I_1$ am besten abschneidet. Darauf deutet auch seine günstige DP-Zahl hin, die auch nach der Gewebebleiche jenen der anderen Gewebe überlegen geblieben ist. Insbesondere macht sich diese Überlegenheit bei den mit Natriumchlorit nachgebleichten Geweben bemerkbar. Sie beträgt dort 2 16o, verglichen z.B. mit 1 53o bei $F\ I_2$ als niedrigst gefundenem Wert.

Dem Festigkeitsverlust nach ist das Ergebnis von $F\ I_2$ (Sauer Chlor-Peroxyd) ebenfalls ein günstiges, wenn Garn- und Gewebeverluste gemeinsam betrachtet werden. Infolge der guten Ergebnisse, die für dieses Garn nach der Garnbleiche zu verzeichnen waren, wird das schlechtere Ergebnis der Gewebeprüfung ausgeglichen, so daß sich dieses Gewebe dem Gesamtverlust nach dem zuerst erwähnten F I_1 (reines Natriumchlorit) so gut wie angleicht. Merkwürdigerweise zeigt aber das Gewebe nach der Nachbleiche keinen günstigen Durchschnitts-Polymerisationsgrad. In beiden Fällen, also sowohl nach der normalen als auch nach der Natriumchlorit-Nachbleiche, zeigt es, wie bereits erwähnt, den schlechtesten Wert mit 1 150 bzw. 1 530.

Den höchsten Gesamtfestigkeitsverlust hat F IV zu verzeichnen, dessen Garne bereits nach der Bleiche den deutlichsten Festigkeitsrückgang aufzuweisen hatten. Die DP-Zahl betrug nach der Nachbleiche 1 280 bzw. 1 550.

Das Gewebe F II nimmt bei Bewertung der zusammengefaßt betrachteten Garn- und Gewebefestigkeitsverluste eine Mittelstellung zwischen den erstgenannten Geweben F I und F IV ein. Dem widerspricht die absolute Gewebefestigkeit, die bei diesem Gewebe sowohl nach der normalen als auch nach der Natriumchloritbleiche deutlich besser ist als bei dem Gewebe F I_2. Nur diese absoluten Werte der Gewebefestigkeit betrachtet, muß es bei der Feststellung bleiben, daß die beiden Gewebe aus den mit Natriumchlorit gebleichten Garnen F I_1 und F II die besten Prüfergebnisse aufweisen. Hinsichtlich der DP-Zahl nimmt F II eine Mittelstellung ein.

Die Dehnung der verschiedenen Gewebe zeigt keinerlei charakteristische Unterschiede, es sei denn, daß die durchweg etwas höheren Werte, die hier für die nach der Natriumchloritbleiche, verglichen mit jenen der normal gebleichten Gewebe, gefunden wurden, als solche gewertet werden.

Alle nachgebleichten Gewebe wurden einer <u>1o-maligen Wäsche und Mangelbehandlung</u> in der Lehrwäscherei Krefeld unterworfen, in erster Linie um festzustellen, wie sich dabei der Weißgrad der Gewebe verändert und ob sich in dieser Beziehung Unterschiede zwischen der normal- und der chloritgebleichten Ware ergeben. Die Werte für den Weißgehalt vor und nach der 1o-maligen Wäschebehandlung sind in der Tab. 12 zusammengestellt.

Der Unterschied zwischen den Weißgradwerten der normal und der chloritgebleichten Gewebe ist natürlich auch nach dem Waschen bestehen geblieben. Die Zunahme gegenüber dem ungewaschenen Zustand ist aber in beiden Fällen in gleicher Größenordnung festzustellen. Eher ist sie bei dem mit Natriumchlorit nachgebleichten Geweben etwas größer. Ein Zurückgehen des Weißwertes konnte jedenfalls in keinem Fall beobachtet werden.

Tabelle 12

Weißgehalt der ungewaschenen und 1o x gewaschenen Gewebe

Gewebebezeichnung	F I$_1$	F II	F I$_2$	F IV
Normalbleiche				
ungewaschen	77,9	75,2	74,8	74,7
1o x gewaschen	78,2	77,6	76,8	75,2
NaClO$_2$-Bleiche				
ungewaschen	64,3	69,1	68,5	67,4
1o x gewaschen	72,5	71,8	71,0	73,8

Die gewaschenen Gewebe wurden natürlich auch auf ihre Festigkeit hin geprüft. Die festgestellten Werte ergeben in der Beurteilung gegenüber den gebleichten, nicht gewaschenen Geweben nichts Neues. Sie sollen deshalb nicht besonders zusammengestellt werden. Es sei lediglich erwähnt, daß die mit Natriumchlorit nachgebleichten Gewebe ihre besseren Festigkeiten gegenüber dem normal gebleichten auch nach der Wäsche gehalten haben.

Die Feststellungen des Durchschnitts-Polymerisationsgrades und des Weißgehaltes an Garnen und Geweben wurden von der Wäschereiforschung Krefeld durchgeführt.

5. Zusammenfassung

Flachs- und Werggarne je einer Spinnpartie wurden in mehreren Betrieben verschiedenen Bleichverfahren unterworfen, wobei im Vordergrund die Absicht bestand, die vielfach herausgestellten Vorteile der Natriumchlorit-Bleiche für Leinengarne zu erproben. Im Vergleich zu anderen, bisher üblichen Bleichverfahren wurde die Natriumchloritbleiche ausschließlich und in Kombinationsverfahren angewandt.

Die Flachsgarne (F) wurden 1/2, die Werggarne (W) 3/4 gebleicht.

Insgesamt wurden mit je einer Bleichpartie (ca. 5oo kg) folgende Arbeitsweisen in die Versuche einbezogen:

Reine Natriumchloritbleiche (Garnbezeichnung: F I_1 u. W I_1)
Sauer Chlor-Natriumchlorit-Bleiche (Garnbezeichnung: F II u. W II)
Alkal.-Chlor-Natriumchlorit-Peroxyd-Bleiche (Garnbezeichnung: F III)
Sauer Chlor-Peroxyd-Bleiche (Garnbezeichnung: F I_2 u. W I_2)
Natriumhypochlorit-Peroxyd-Bleiche (Garnbezeichnung: F IV u. W IV)

Gewichts- und Festigkeitsverluste der Garne wurden zusammengestellt und miteinander verglichen, ohne daß schwerwiegende und klare Unterschiede innerhalb der angewandten Bleichverfahren festgestellt werden konnten. Nur die Garne F IV und W IV fielen hinsichtlich des eingetretenen Festigkeitsverlustes deutlich ungünstiger aus als die anderen Gespinste. Besondere Vorteile der Natriumchloritbleiche ergaben sich hinsichtlich Gewichts- und Festigkeitsverlust gegenüber den anderen Garnen jedenfalls nicht, wenn auch insbesondere die Werte der mit reinem Natriumchlorit gebleichten Garne (F I_1 und W I_1) durchaus günstig lagen.

Der festgestellte Durchschnitts-Polymerisationsgrad (DP-Zahl) war bei den Garnen F I_1 und W I_1 (reines Natriumchlorit) und bei F III (Alkal.-Chlor-Natriumchlorit-Peroxyd) außerordentlich günstig und den DP-Zahlen der anderen Garne weit überlegen.

Die mit den Garnen auf Webstühlen mit Schützen- und Spulenwechselautomaten vergleichsweise durchgeführten Webversuche ergaben keine charakteristischen Unterschiede in den Wirkungsgradwerten zu Gunsten eines der angewandten Bleichverfahren. Lediglich Garn W IV hatte ein diesbezüglich gegenüber den anderen Garnen schlechteres Ergebnis.

Die aus den Flachsgarnen hergestellten Gewebe (F I_1, F II, F I_2 und F IV) wurden auf 4/4-weiß nachgebleicht, und zuvor wurde auch hierbei ein normales Bleichverfahren mit alkal. Chlor und ein reines Natriumchlorit-Verfahren angewandt. Wenn auch die Weißgrade dieser verschieden nachgebleichten Gewebe zuungunsten der mit Natriumchlorit behandelten unterschiedlich waren, konnte doch festgestellt werden, daß die Natriumchlorit-Gewebebleiche eindeutig bessere Werte für Reißfestigkeit und Durchschnitts-Polymerisationsgrad mit sich bringt.

Die starke Streuung der Versuchsergebnisse ließ Feststellung und Vergleich der Festigkeitsverluste durch die Nachbleiche bzw. der Gesamtfestigkeitsverluste durch Garn- und Gewebebleiche schwierig sein. Zusammengefaßt betrachtet, liegt das Gewebe F I_1 mit den Garnen, die mit reinem Natriumchlorit

Forschungsberichte des Wirtschafts- und Verkehrsministeriums Nordrhein-Westfalen
___

gebleicht waren, <u>am besten.</u> Das Gewebe F IV (Garnbleiche: Natriumhypochlorit-Peroxyd) fällt am schlechtesten aus. Ob den Geweben F II (Garnbleiche: Sauer Chlor-Peroxyd) oder F I_2 (Garnbleiche: Sauer Chlor-Peroxyd) der Vorzug hinsichtlich erhalten gebliebener Ausgangsfestigkeit zu geben ist, hängt von der Betrachtungsweise ab. Werden die errechneten Festigkeitsverluste betrachtet, schneidet F I_2, beim Vergleich der festgestellten absoluten Festigkeiten F II besser ab.

Hinsichtlich des <u>Durchschnitts-Polymerisationsgrades</u> liegen die Gewebe F I_1 (<u>reine Natriumchlorit-Bleiche</u>) einwandfrei <u>an der Spitze.</u>

Die gebleichten Gewebe wurden einer 1o-maligen <u>Wasch- und Mangelbehandlung</u> unterworfen. Ein Unterschied zwischen den normal und mit Natriumchlorit nachgebleichten Geweben <u>hinsichtlich Veränderung ihres Weißgrades ergab sich nicht.</u>

Bei der Durchführung der Webversuche wurde vergleichsweise die <u>Eignung der Schützen- und Spulenwechselautomaten</u> beim Verweben von Leinengarnen geprüft. Der vorliegende Bericht befaßt sich eingehend mit der Wirkungsweise der beiden Automatensysteme und den Ergebnissen der durchgeführten Beobachtungen. Hinsichtlich <u>Wirkungsgrad des Webstuhles</u> kann <u>von entscheidenden Vorzügen</u> des einen oder anderen Systems nicht gesprochen werden. Doch entstehen durch Verringerung der zusätzlichen Arbeitsverrichtungen bei laufendem Stuhl, insbesondere bei Mehrstuhlbedienung, dem <u>Spulenwechsler</u> bedeutende <u>Vorteile.</u>

Demgegenüber erfordert der <u>Spulenwechselautomat</u> im Hinblick auf den Ausfall der Gewebe (Gewebekanten) einen erheblichen, größeren <u>Aufwand an Pflege</u> des Webschützens und <u>Sorgfalt der Spulenstellung.</u> Das Versuchsergebnis ließ hinsichtlich der Gewebekanten der Arbeit mit Schützenwechsler den Vorzug geben. Doch konnte den Beobachtungen nicht entnommen werden, daß bei Beachtung der beschriebenen Gesichtspunkte ein einwandfreier Ausfall der Gewebekanten bei Spulenwechslern nicht auch erreichbar ist.

Im Verlauf der Webversuche wurde geprüft, ob der <u>Anbau der Spulenwechselautomaten</u> links oder rechts am Webstuhl von Einfluß auf den Stuhlwirkungsgrad ist. Ein diesbezüglicher Nachweis gelang nicht.

Allen Betrieben, die uns bei der Durchführung der Versuche unterstützten, uns ihre Einrichtungen zur Verfügung stellten oder selbst Teilaufgaben übernommen hatten, sei an dieser Stelle bestens gedankt; ebenso der Wäschereiforschung Krefeld für die Unterstützung bei der Materialprüfung.

Versuchsdurchführung:
Textil-Ing. H. GRIESE

gez. Dipl.-Ing. W. R O H S

Bielefeld, den 26. Januar 1953.

Anhang

Instandsetzung der Webstühle vor Anbau eines Automaten

Bei Anbau von Automaten an Webstühle, die bereits jahrelang im Betrieb waren und mehr oder weniger stark abgenützt sind, ist eine gründliche Instandsetzung unerläßlich, um Gewähr für einen störungsfreien Betrieb zu erhalten. Gestell und Traversen müssen auf waagerechte Lage untersucht und gegebenenfalls neu ausgerichtet werden. Kurbelwelle und Schlagexzenterwelle sind auf übermäßig großes Spiel zu kontrollieren, abgelaufene Wellen aufzuschweißen und neu zu lagern. Die Hauptzahnräder, die früher durchweg gegossen wurden, sind nach Möglichkeit durch solche mit gefrästen Zähnen zu ersetzen. Ladenzapfen nebst Lagerungen müssen auf Abnutzung kontrolliert und erforderlichenfalls ausgewechselt werden. Die Lade ist durch einen Fachmann auf ihren Zustand zu untersuchen, auszubessern und für den Automatenanbau entsprechend zu ändern. Besonderes Augenmerk ist der Stecherwelle nebst Lagerung, den Stecherpuffern und den eigentlichen Stechern zu widmen, um sicheres und beiderseits gleichmäßiges Arbeiten zu gewährleisten. Ferner sind die Pleuel auf Abnutzung zu revidieren. Die Schlagvorrichtung muß einwandfrei arbeiten, abgenützte Schlagrollen und Schlagnasen sind zu ersetzen. Die Regulatoren sind von der Wechselseite, an welcher der Automat angebaut ist, auf die Antriebsseite des Stuhles zu verlegen. Hierdurch werden Aufwickeln von Wechselfäden durch den Regulator, Auftreten von Störungen bzw. gar Brüchen an Webstuhlteilen durch in den Regulator fallende Spulenhülsen vermieden. Eine Anbringung des Regulators auf die Antriebsseite dürfte für den Weber zusätzlich mit Zeitersparnis verbunden sein, da dann Abstellhebel und Regulator zusammenliegen. Weiterhin sind Trittvorrichtung, Streichbaumbetätigung, Kettbaumbremse und Webstuhlantrieb zu überholen. Die Webstühle, die für eine Automatisierung vorbereitet sind, müssen ohne Beanstandung irgendwelcher Art laufen.

Von der einmaligen Überholung der Webstühle abgesehen, ist bei Automatenbetrieb zudem eine laufende Pflege der Webstühle unbedingt erforderlich, um Stillstände durch mechanische Störungen auszuschalten.

FORSCHUNGSBERICHTE
DES WIRTSCHAFTS- UND VERKEHRSMINISTERIUMS
NORDRHEIN-WESTFALEN

Herausgegeben von Ministerialdirektor Prof. Leo Brandt

Heft 1:
Prof. Dr.-Ing. Eugen Flegler, Aachen,
Untersuchungen oxydischer Ferromagnet-Werkstoffe

Heft 2:
Prof. Dr. phil. Walter Fuchs, Aachen,
Untersuchungen über absatzfreie Teeröle

Heft 3:
Techn.-Wissenschaftl. Büro für die Bastfaserindustrie, Bielefeld,
Untersuchungsarbeiten zur Verbesserung des Leinenwebstuhls

Heft 4:
Prof. Dr. E. A. Müller u. Dipl.-Ing. H. Spitzer, Dortmund,
Untersuchungen über die Hitzebelastung in Hüttenbetrieben

Heft 5:
Dipl.-Ing. Werner Fister, Aachen,
Prüfstand der Turbinenuntersuchungen

Heft 6:
Prof. Dr. phil. Walter Fuchs, Aachen,
Untersuchungen über die Zusammensetzung und Verwendbarkeit von Schwelteerfraktionen

Heft 7:
Prof. Dr. phil. Walter Fuchs, Aachen,
Untersuchungen über emsländisches Petrolatum

Heft 8:
Maria Elisabeth Meffert und Heinz Stratmann, Essen
Algen-Großkulturen im Sommer 1951

Heft 9:
Techn.-Wissenschaftl. Büro für die Bastfaserindustrie, Bielefeld,
Untersuchungen über die zweckmäßige Wicklungsart von Leinengarnkreuzspulen unter Berücksichtigung der Anwendung hoher Geschwindigkeiten des Garnes
Vorversuche für Zetteln und Schären von Leinengarnen auf Hochleistungsmaschinen

Heft 10:
Prof. Dr. Wilhelm Vogel, Köln,
„Das Streifenpaar" als neues System zur mechanischen Vergrößerung kleiner Verschiebungen und seine technischen Anwendungsmöglichkeiten

Heft 11:
Laboratorium für Werkzeugmaschinen und Betriebslehre, Technische Hochschule Aachen,
1. Untersuchungen über Metallbearbeitung im Fräsvorgang mit Hartmetallwerkzeugen und negativem Spanwinkel
2. Weiterentwicklung des Schleifverfahrens für die Herstellung von Präzisionswerkstücken unter Vermeidung hoher Temperaturen
3. Untersuchung von Oberflächenveredlungsverfahren zur Steigerung der Belastbarkeit hochbeanspruchter Bauteile

Heft 12:
Elektrowärme-Institut, Langenberg (Rhld.),
Induktive Erwärmung mit Netzfrequenz

Heft 13:
Techn.-Wissenschaftl. Büro für die Bastfaserindustrie, Bielefeld,
Das Naßspinnen von Bastfasergarnen mit chemischen Zusätzen zum Spinnbad

Heft 14:
Forschungsstelle für Acetylen, Dortmund,
Untersuchungen über Aceton als Lösungsmittel für Acetylen

Heft 15:
Wäschereiforschung Krefeld,
Trocknen von Wäschestoffen

Heft 16:
Max-Planck-Institut für Kohlenforschung, Mülheim a. d. Ruhr,
Arbeiten des MPI für Kohlenforschung

Heft 17:
Ingenieurbüro Herbert Stein, M. Gladbach,
Untersuchung der Verzugsvorgänge in den Streckwerken verschiedener Spinnereimaschinen. 1. Bericht: Vergleichende Prüfung mit verschiedenen Dickenmeßgeräten

Heft 18:
Wäschereiforschung Krefeld,
Grundlagen zur Erfassung der chemischen Schädigung beim Waschen

Heft 19:
Techn.-Wissenschaftl. Büro für die Bastfaserindustrie, Bielefeld,
Die Auswirkung des Schlichtens von Leinengarnketten auf den Verarbeitungswirkungsgrad, sowie die Festigkeits- und Dehnungsverhältnisse der Garne und Gewebe

Heft 20:
Techn.-Wissenschaftl. Büro für die Bastfaserindustrie, Bielefeld,
Trocknung von Leinengarnen I
Vorgang und Einwirkung auf die Garnqualität

Heft 21:
Techn.-Wissenschaftl. Büro für die Bastfaserindustrie, Bielefeld,
Trocknung von Leinengarnen II
Spulenanordnung und Luftführung beim Trocknen von Kreuzspulen

Heft 22:
Techn.-Wissenschaftl. Büro für die Bastfaserindustrie, Bielefeld,
Die Reparaturanfälligkeit von Webstühlen

Heft 23:
Institut für Starkstromtechnik, Aachen,
Rechnerische und experimentelle Untersuchungen zur Kenntnis der Metadyne als Umformer von konstanter Spannung auf konstanten Strom

Heft 24:
Institut für Starkstromtechnik, Aachen,
Vergleich verschiedener Generator-Metadyne-Schaltungen in bezug auf statisches Verhalten

Heft 25:
Gesellschaft für Kohlentechnik mbH., Dortmund-Eving,
Struktur der Steinkohlen und Steinkohlen-Kokse

Heft 26:
Techn.-Wissenschaftl. Büro für die Bastfaserindustrie, Bielefeld,
Vergleichende Untersuchungen zweier neuzeitlicher Ungleichmäßigkeitsprüfer für Bänder und Garne hinsichtlich ihrer Eignung für die Bastfaserspinnerei

Heft 27:
Prof. Dr. E. Schratz, Münster,
Untersuchungen zur Rentabilität des Arzneipflanzenanbaues
Römische Kamille, Anthemis nobilis L.

Heft: 28:
Prof. Dr. E. Schratz, Münster,
Calendula officinalis L.
Studien zur Ernährung, Blütenfüllung und Rentabilität der Drogengewinnung

Heft 29:
Techn.-Wissenschaftl. Büro für die Bastfaserindustrie, Bielefeld,
Die Ausnützung der Leinengarne in Geweben

Heft 30:
Gesellschaft für Kohlentechnik mbH., Dortmund-Eving,
Kombinierte Entaschung und Verschwelung von Steinkohle; Aufarbeitung von Steinkohlenschlämmen zu verkokbarer oder verschwelbarer Kohle

Heft 31:
Dipl.-Ing. Störmann, Essen,
Messung des Leistungsbedarfs von Doppelsteg-Kettenförderern

VERÖFFENTLICHUNGEN DER ARBEITSGEMEINSCHAFT FÜR FORSCHUNG DES LANDES NORDRHEIN-WESTFALEN

Im Auftrage des Ministerpräsidenten Karl Arnold
Herausgegeben von Ministerialdirektor Prof. Leo Brandt

Heft 1:
Prof. Dr.-Ing. Friedrich Seewald, Technische Hochschule Aachen,
Neue Entwicklungen auf dem Gebiete der Antriebsmaschinen
Prof. Dr.-Ing. Friedrich A. F. Schmidt, Technische Hochschule Aachen,
Technischer Stand und Zukunftsaussichten der Verbrennungsmaschinen, insbesondere der Gasturbinen
Dr.-Ing. R. Friedrich, Siemens-Schuckert-Werke A.-G., Mülheimer Werk,
Möglichkeiten und Voraussetzungen der industriellen Verwertung der Gasturbine

Heft 2:
Prof. Dr.-Ing. Wolfgang Riezler, Universität Bonn,
Probleme der Kernphysik
Prof. Dr. phil. Fritz Micheel, Universität Münster,
Isotope als Forschungsmittel in der Chemie und Biochemie

Heft 3:
Prof. Dr. med. Emil Lehnartz, Universität Münster,
Der Chemismus der Muskelmaschine
Prof. Dr. med. Gunther Lehmann, Direktor des Max-Planck-Instituts für Arbeitsphysiologie, Dortmund,
Physiologische Forschung als Voraussetzung der Bestgestaltung der menschlichen Arbeit
Prof. Dr. Heinrich Kraut, Max-Planck-Institut für Arbeitsphysiologie, Dortmund,
Ernährung und Leistungsfähigkeit

Heft 4:
Prof. Dr. Franz Wever, Max-Planck-Institut für Eisenforschung, Düsseldorf,
Aufgaben der Eisenforschung
Prof. Dr.-Ing. Hermann Schenck, Technische Hochschule Aachen,
Entwicklungslinien des deutschen Eisenhüttenwesens
Prof. Dr.-Ing. Max Haas, Techn. Hochschule Aachen,
Wirtschaftliche und technische Bedeutung der Leichtmetalle und ihre Entwicklungsmöglichkeiten

Heft 5:
Prof. Dr. med. Walter Kikuth, Medizinische Akademie Düsseldorf,
Virusforschung
Prof. Dr. Rolf Danneel, Universität Bonn,
Fortschritte der Krebsforschung
Prof. Dr. med. Dr. phil. W. Schulemann, Univ. Bonn,
Wirtschaftliche und organisatorische Gesichtspunkte für die Verbesserung unserer Hochschulforschung

Heft 6:
Prof. Dr. Walter Weizel, Institut für theoretische Physik, Bonn,
Die gegenwärtige Situation der Grundlagenforschung in der Physik
Prof. Dr. Siegfried Strugger, Universität Münster,
Das Duplikantenproblem in der Biologie
Prof. Dr. Rolf Danneel, Universität Bonn,
Über das Verhalten der Mitochondrien bei der Mitose der Mesenchymzellen des Hühner-Embryos
Direktor Dr. Fritz Gummert, Ruhrgas A.-G., Essen,
Überlegungen zu den Faktoren Raum und Zeit im biologischen Geschehen und Möglichkeiten einer Nutzanwendung

Heft 7:
Prof. Dr.-Ing. August Götte, Technische Hochschule Aachen,
Steinkohle als Rohstoff und Energiequelle
Prof. Dr. e. h. Karl Ziegler, Max-Planck-Institut für Kohlenforschung Mülheim a. d. Ruhr,
Über Arbeiten des Max-Planck-Instituts für Kohlenforschung

Heft 8:
Prof. Dr.-Ing. Wilhelm Fucks, Technische Hochschule Aachen,
Die Naturwissenschaft, die Technik und der Mensch
Prof. Dr. sc. pol. Walther Hoffmann, Universität Münster,
Wirtschaftliche und soziologische Probleme des technischen Fortschritts

Heft 9:
Prof. Dr.-Ing. Franz Bollenrath, Technische Hochschule Aachen,
Zur Entwicklung warmfester Werkstoffe
Dr. Heinrich Kaiser, Staatl. Materialprüfungsamt Dortmund,
Stand spektralanalytischer Prüfverfahren und Folgerung für deutsche Verhältnisse

Heft 10:
Prof. Dr. Hans Braun, Universität Bonn,
Möglichkeiten und Grenzen der Resistenzzüchtung
Prof. Dr.-Ing. Carl Heinrich Dencker, Universität Bonn,
Der Weg der Landwirtschaft von der Energieautarkie zur Fremdenergie

Heft 11:
Prof. Dr.-Ing. Herwart Opitz, Technische Hochschule Aachen,
Entwicklungslinien der Fertigungstechnik in der Metallbearbeitung
Prof. Dr.-Ing. Karl Krekeler, Technische Hochschule Aachen,
Stand und Aussichten der schweißtechnischen Fertigungsverfahren

Heft: 12
Dr. Hermann Rathert, Mitglied des Vorstandes der Vereinigten Glanzstoff-Fabriken A.-G., Wuppertal-Elberfeld,
Entwicklung auf dem Gebiet der Chemiefaser-Herstellung
Prof. Dr. Wilhelm Weltzien, Direktor der Textilforschungsanstalt Krefeld,
Rohstoff und Veredlung in der Textilwirtschaft

Heft: 13
Dr.-Ing. e. h. Karl Herz, Chefingenieur im Bundesministerium für das Post- und Fernmeldewesen Frankfurt a. Main,
Die technischen Entwicklungstendenzen im elektrischen Nachrichtenwesen
Ministerialdirektor Dipl.-Ing. Leo Brandt, Düsseldorf,
Navigation und Luftsicherung

Heft 14:
Prof. Dr. Burckhardt Helferich, Universität Bonn,
Stand der Enzymchemie und ihre Bedeutung
Prof. Dr. med. Hugo W. Knipping, Direktor der Med. Universitätsklinik Köln,
Ausschnitt aus der klinischen Carcinomforschung am Beispiel des Lungenkrebses

Heft 15:
Prof. Dr. Abraham Esau, Technische Hochschule Aachen,
Die Bedeutung von Wellenimpulsverfahren in Technik und Natur
Prof. Dr.-Ing. Eugen Flegler, Technische Hochschule Aachen,
Die ferromagnetischen Werkstoffe in der Elektrotechnik und ihre neueste Entwicklung

Heft 16:
Prof. Dr. rer. pol. Rudolf Seyffert, Universität Köln,
Die Problematik der Distribution
Prof. Dr. rer. pol. Theodor Beste, Universität Köln,
Der Leistungslohn

Heft 17:
Prof. Dr.-Ing. Friedrich Seewald, Technische Hochschule Aachen,
Die Flugtechnik und ihre Bedeutung für den allgemeinen technischen Fortschritt
Prof. Dr.-Ing. Edouard Houdremont, Essen,
Art und Organisation der Forschung in einem Industriekonzern

Heft 18:
Prof. Dr. med. Dr. phil. W. Schulemann, Universität Bonn,
Theorie und Praxis pharmakologischer Forschung
Prof. Dr. Wilhelm Groth, Direktor des Physikalisch-Chemischen Instituts, Universität Bonn,
Technische Verfahren zur Isotopentrennung

Heft 19:
Dipl.-Ing. Kurt Traenckner, Stellvertr. Vorstandsmitglied der Ruhrgas-A.G., Essen,
Entwicklungstendenzen der Gaserzeugung

Heft 21:
Prof. Dr. phil. Robert Schwarz, Aachen,
Wesen und Bedeutung der Silicium-Chemie
Prof. Dr. Kurt Alder, Universität Köln,
Fortschritte in der Synthese von Kohlenstoffverbindungen

Heft 21 a
Jahresfeier der Arbeitsgemeinschaft für Forschung des Landes Nordrhein-Westfalen am 21. 5. 1952 in Düsseldorf mit Ansprachen des Herrn Bundespräsidenten Professor Dr. Theodor Heuss, des Herrn Ministerpräsidenten Arnold, Frau Kultusminister Teusch, der Herren Professor Dr. Hahn, Professor Dr. Strugger, Vizepräsident Dobbert, Professor Dr. Richter, Professor Dr. Fucks.

Heft 22:
Prof. Dr. Johannes von Allesch, Universität Göttingen,
Die Bedeutung der Psychologie im öffentlichen Leben
Prof. Dr. med. Otto Graf, Max-Planck-Institut für Arbeitsphysiologie, Dortmund,
Triebfedern menschlicher Leistung

Heft 23:
Prof. Dr. phil. Dr. jur. h. c. Bruno Kuske, Universität Köln,
Probleme der Raumforschung
Prof. Dr. Dr.-Ing. e. h. Prager,
Städtebau und Landesplanung

Heft 23 a:
M. Zvegintzov, Wissenschaftliche Forschung und die Auswertung ihrer Ergebnisse. Ziel und Tätigkeit der National Research Development Corporation
Dr. Alexander King, Department of Scientific & Industrial Research, London,
Wissenschaft und internationale Beziehungen

Heft 24:
Prof. Dr. Rolf Danneel, Universität Bonn,
Über die Wirkungsweise der Erbfaktoren
Prof. Dr. K. Herzog, Medizinische Akademie Düsseldorf,
Bewegungsbedarf der menschlichen Gliedmaßengelenke bei der Berufsarbeit

Heft 25:
Prof. Dr. O. Haxel, Heidelberg,
Energiegewinnung aus Kernprozessen
Dr. Dr. Max Wolf, Düsseldorf,
Gegenwartsprobleme der energiewirtschaftlichen Forschung

Heft 26:
Prof. Dr. Friedrich Becker, Universität Bonn,
Ultrakurzwellen aus dem Weltraum, ein neues Forschungsgebiet der Astronomie
Dozent Dr. H. Straßl, Bonn,
Bemerkenswerte Doppelsterne und das Problem der Sternentwicklung

Heft 27:
Prof. Dr. Heinrich Behnke, Universität Münster,
Der Strukturwandel der Mathematik in der ersten Hälfte des 20. Jahrhunderts
Prof. Dr. E. Sperner, Bonn,
Eine mathematische Analyse der Luftdruckverteilungen in großen Gebieten

Heft 28:
Prof. Dr. O. Niemczyk, Aachen,
Die Problematik gebirgsmechanischer Vorgänge im Steinkohlenbergbau
Prof. Dr. W. Ahrens, Krefeld,
Die Bedeutung geologischer Forschung für die Wirtschaft, besonders in Nordrhein-Westfalen

Heft 29:
Prof. Dr. B. Rensch, Münster,
Das Problem der Residuen bei Lernleistungen
Prof. Dr. H. Fink, Köln,
Über Leberschäden bei der Bestimmung des biologischen Wertes verschiedener Eiweiße von Mikroorganismen

Heft 30:
Prof. Dr.-Ing. F. Seewald, Aachen,
Forschungen auf dem Gebiete der Aerodynamik
Prof. Dr.-Ing. K. Leist, Aachen,
Forschungen in der Gasturbinentechnik

Geisteswissenschaften

Heft 1:
Prof. Dr. W. Richter, Bonn,
Die Bedeutung der Geisteswissenschaften für die Bildung unserer Zeit
Prof. Dr. J. Ritter, Münster,
Die aristotelische Lehre vom Ursprung und Sinn der Theorie

Heft 2:
Prof. Dr. J. Kroll, Köln,
Elysium
Prof. Dr. G. Jachmann, Köln,
Die vierte Ekloge Vergils

Heft 3:
Prof. Dr. H. E. Stier, Münster,
Die klassische Demokratie

Heft 4:
Prof. Dr. W. Caskel, Köln,
Lihjan und Lihjanisch. Sprache und Kultur eines früharabischen Königreiches

Heft 5:
Prof. Dr. Th. Ohm, Münster,
Stammesreligionen im südlichen Tanganyika-Territorium. — Religionswissenschaftliche Ergebnisse meiner Ostafrikareise 1951

Heft 6:
Prälat Prof. Dr. G. Schreiber, Münster,
Deutsche Wissenschaftspolitik von Bismarck bis zum Atomphysiker Otto Hahn

Heft 7:
Prof. Dr. W. Holtzmann, Bonn,
Das mittelalterliche Imperium und die werdenden Nationen

Heft 8:
Prof. Dr. W. Caskel, Köln,
Die Bedeutung der Beduinen in der Geschichte der Araber

Heft 9:
Prälat Prof. Dr. G. Schreiber, Münster,
Iroschottische und angelsächsische Kultureinflüsse im Mittelalter

Heft 10:
Prof. Dr. P. Rassow, Köln,
Forschungen zur Reichsidee im 16. und 17. Jahrhundert

Heft 11:
Prof. Dr. H. E. Stier, Münster,
Roms Aufstieg zur Weltherrschaft

Heft 12:
Prof. D. K. H. Rengstorf, Münster,
Zum Problem der Gleichberechtigung zwischen Mann und Frau auf dem Boden des Urchristentums
Prof. Dr. H. Conrad, Bonn,
Grundprobleme einer Reform des Familienrechts

Heft 13:
Professor Dr. Max Braubach, Bonn,
Der Weg zum 20. Juli 1944 — Ein Forschungsbericht

If you have any concerns about our products,
you can contact us on
ProductSafety@springernature.com

In case Publisher is established outside the EU,
the EU authorized representative is:
**Springer Nature Customer Service Center GmbH
Europaplatz 3, 69115 Heidelberg, Germany**

Printed by Libri Plureos GmbH
in Hamburg, Germany